DEUTSCHE AKADEMIE DER WISSENSCHAFTEN ZU BERLIN

ATLAS
DER VERBREITUNG
PALAEARKTISCHER VÖGEL

Herausgegeben von

ERWIN STRESEMANN, Berlin, und L. A. PORTENKO, Leningrad

1. LIEFERUNG

Bearbeitet von

G. EBER, G. MAUERSBERGER, L. A. PORTENKO und J. SZIJJ

Mit 20 zweifarbigen Verbreitungskarten und 4 Zugkarten

AKADEMIE-VERLAG BERLIN

1960

Erschienen im Akademie-Verlag GmbH, Berlin W 1, Leipziger Straße 3-4

Lizenz-Nr. 202 · 100/428/60
Kartengenehmigung: MdI der DDR Nr. 4720
Satz und Druck: Buchdruckerei Frankenstein Leipzig III-18-127
Bestellnummer: 3034/1
Printed in Germany
ES 18 G 3

INHALT DER 1. LIEFERUNG

VORWORT

Seit langem besteht bei den Biologen der verschiedensten Richtungen ein Bedürfnis nach Kartenwerken, die die Verbreitung von Pflanzen und Tieren zeigen. Die Grenzen ihres Nutzwertes sind sehr weit gezogen: sie schließen ein oder berühren die Interessensphären der Evolutionsforschung, der Taxonomie, der Oekologie, der Palaeogeographie und verwandter Wissensgebiete.

Den Zoologen sind die Botaniker auf diesem Wege weit vorangeeilt. Sie verfügen seit längerer Zeit über umfangreiche Atlanten, die ihnen die Arealgrenzen, ja zum Teil sogar alle Standorte von Pflanzenarten vorführen, die nach gewissen Gesichtspunkten ausgewählt wurden.

Die Zoologen haben sich bisher mit bescheideneren Lösungen begnügt. Es besteht zwar kein Mangel an verläßlichen zoogeographischen Karten von lokaler Bedeutung, solchen also, auf denen nur ein (meist durch politische Grenzen abgesteckter) Ausschnitt aus dem Gesamtareal der behandelten Tierart bearbeitet worden ist. Aber jeder Versuch, das ganze Areal mit peinlicher Genauigkeit zu kartieren, ist bisher mit wenigen Ausnahmen gescheitert.

Das gilt sogar für die Karten der ornithologischen Literatur. Über die Verbreitung der Vögel sind wir besonders genau unterrichtet. Bis in die entlegensten Räume ist die avifaunistische Forschung schon vorgedrungen, und besonders intensiv ist sie betrieben worden in der Palaearktis und in Nordamerika. Hier ist die Zeit also nun reif für ein so anspruchsvolles Vorhaben wie das unsere.

Wir haben uns vorgenommen, die Verbreitung von Vogelarten der Palaearktis zu kartieren und aus einer Gesamtheit von nahezu 800 Spezies diejenigen für den „Atlas" auszuwählen, von deren Bearbeitung wir uns einen besonders großen wissenschaftlichen Gewinn versprechen. Auf welche Anzahl wir am Ende der letzten Lieferung dieses Werkes gekommen sein werden, wagen wir noch nicht vorauszusagen; nach unserer Schätzung verdienen es mindestens 200 Arten, größtenteils den Singvögeln und Spechten angehörend, hier berücksichtigt zu werden. Wenn dieser Plan eingehalten werden kann, wird der „Atlas" schließlich aus 10 Lieferungen zu je etwa 20 Verbreitungskarten bestehen.

Bei der Zusammenstellung der für die erste Lieferung bearbeiteten Arten haben wir uns nicht nach einem der heute gebräuchlichen Systeme gerichtet, sondern andere Rücksichten walten lassen. Diese Willkür wird auch in den weiteren Lieferungen herrschen, aber sie wird zum Schluß einer von der Systematik geregelten Ordnung weichen. Wir beabsichtigen nämlich, der letzten Lieferung eine genaue Anweisung anzufügen, bei deren Beachtung die Karten mit zugehörigem Text in eine systematische Reihenfolge gelegt und gesammelt eingebunden werden können.

Was wir bei der Planung des „Atlas der Verbreitung palaearktischer Vögel" von vornherein anstrebten, war die exakte Kartierung der für die Brutzeit geltenden Verbreitungsgrenzen und nicht etwa die Kartierung aller in der Literatur bekanntgegebenen Brutorte. Letzteres würde eine Detailarbeit von so gewaltigen Ausmaßen erfordert haben, daß unser Vorhaben bald stecken geblieben wäre. Vordringlich ist zum jetzigen Zeitpunkt die Kenntnis der Grenzen, vermittelt durch die Kenntnis peripherer Brutorte, von deren Dichte die Genauigkeit der Grenzführung abhängt.

Die Arealgrenzen der Vögel sind nicht stabil; es hat die Erfahrung gelehrt, daß sie sich bei manchen Arten sogar während weniger Jahrzehnte, ja selbst während weniger Jahre beträchtlich verschoben haben, ohne daß die bewirkenden Ursachen in allen Fällen ersichtlich wurden. Unsere Verbreitungskarten sollen nur den für die jüngste Vergangenheit geltenden Zustand festhalten. Daher mußte es unser Bestreben sein, jüngeren Angaben den Vorzug vor älteren zu geben und auf jede noch gegenwärtig ersichtliche Tendenz zum Vorstoßen oder Zurückweichen in den Erläuterungen einzugehen. Denjenigen Zoogeographen und Oekologen der Zukunft, die sich mit der Frage der Kausalität von Grenzverschiebungen beschäftigen, dürfte unsere für die Jetztzeit geltende genaue Grenzführung von erheblichem Nutzen werden können.

Seit mehr als 25 Jahren hat mich die nun verwirklichte Absicht beschäftigt. Zwei Anläufe zu ihrer Durchführung, von der Deutschen Forschungsgemeinschaft mit Mitteln unterstützt, erlahmten bald infolge der mißlichen Verhältnisse der Vorkriegsjahre. Erst 1955 wagte ich das alte Vorhaben wieder aufzugreifen und fand dabei die verständnisvolle und wirksame Unterstützung durch die Deutsche Akademie der Wissenschaften zu Berlin, die nicht allein beschloß, diesen „Atlas“ in die Reihe ihrer Schriften aufzunehmen, sondern auch die zu seiner Bearbeitung benötigten Mittel zu gewähren.

In Herrn GOTTFRIED MAUERSBERGER gewann ich einen Mitarbeiter, der sich in alle mit der Kartierung verbundenen Aufgaben rasch einarbeitete und sie dann selbständig durchführte. Seine ausgebreiteten Kenntnisse vieler europäischer (auch slawischer) Sprachen, seine Belesenheit und Genauigkeit haben zum guten Gelingen des Werkes entscheidend beigetragen. Die meisten Verbreitungskarten dieser ersten Lieferung und ihre Erläuterungen sind sein Werk, unter ständiger Fühlungnahme mit den beiden Herausgebern entstanden im Zoologischen Museum der Humboldt-Universität, Berlin, dessen reiche literarische Hilfsmittel zur Grundlage des Erfolges wurden.

Die ersten Verbreitungskarten waren so in Angriff genommen worden, als Herr Prof. Dr. G. NIETHAMMER (Bonn) davon erfuhr und mich wissen ließ, er habe mit Mitteln der Deutschen Forschungsgemeinschaft ein gleiches Vorhaben in Gang gebracht und schlage nun ein Zusammengehen unter Teilung der Aufgaben vor. Daraus entwickelte sich ein von beiden Seiten gutgeheißener Plan. Einige für die erste Lieferung bestimmte Verbreitungskarten wurden fortab in Bonn von Dr. GISELA EBER, teilweise unter Mitwirkung von Dr. J. SZIJJ, bearbeitet und in Berlin von Herrn MAUERSBERGER vor der Drucklegung unseren Anforderungen angeglichen. Die Mitwirkung der Bonner Gruppe endete im Oktober 1957.

Sofern die Verbreitungsgrenzen das Gebiet der westlichen Palaearktis durchzogen, bereitete uns ihre Kartierung keine unüberwindlichen Schwierigkeiten. Anders aber verhielt es sich mit dem riesigen Bereich der Sowjetunion. Die meist in russischer Sprache erschienene Literatur über die Avifauna Sibiriens und der südlich und östlich angrenzenden sowjetischen Länder ist nicht nur sehr umfangreich, sondern auch über viele, teilweise äußerst seltene Schriftenreihen verstreut. Unser großer Plan wäre mißglückt, hätte uns nicht zur rechten Zeit der beste Kenner ostpalaearktischer Literatur, Herr Prof. Dr. L. A. PORTENKO, seine Hilfe angeboten. Die Mitwirkung dieses weitgereisten Forschers gedieh rasch zu einem solchen Umfang und zu solcher Bedeutung, daß sie einer Verantwortung für die richtige Grenzziehung in der Ostpalaearktis nahekam. Mit seinem Einverständnis und dem der Akademie der Wissenschaften der UdSSR gilt er daher als Mitherausgeber des „Atlas“.

Auch für die genaue Kartierung in der Westpalaearktis bedurften wir dringend der Unterstützung durch erfahrene Landes-Faunisten.

Mit Verbesserungen und Ergänzung zugesandter Teilkarten oder mit ausführlichen und oft sehr mühevollen Zusammenstellungen standen uns bei Frau Prof. Dr. R. KRONEISL-RUCNER (Zagreb) und die Herren Dr. N. ATANASSOV (Sofia), Dr. K. BAUER (Bonn), Dr. F. BERNIS (Madrid), Dr. G. DIESSELHORST (München), Dr. I. CATUNEANU (Bukarest), Dr. I. A. DOLGUSCHIN (Alma-Ata), P. GÉROUDET (Genf), Dr. J. HANZÁK (Prag), Dr. H. HEIM DE BALSAC (Paris), H. HOLGERSEN (Stavanger), R. JACOBI (Hermanstadt), Prof. Dr. H. JOHANSEN (Kopenhagen), Dr. C. G. B. TEN KATE (Kampen), Dr. H. KUMERLOEVE (Osnabrück), Dr. H. LÖHRL (Ludwigsburg), mag. B. LØPPENTHIN (Kopenhagen), C.-F. LUNDEVALL (Norrköping), N. MAYAUD (Paris), Dr. H. MENDELSSOHN (Tel Aviv), Dr. F. SALOMONSEN (Kopenhagen), Prof. Dr. E. SCHÜZ (Stuttgart), M.A. TRAYLOR (Chicago), Dr. Ch. VAURIE (New York), Prof. Dr. W. WÜST (München).

Wertvolle Nachrichten oder Hinweise verdanken wir auch Mrs. W. M. BANNERMAN (Dumfries), Frau T. P. SCHEWARJOWA (Moskau) und den Herren Dr. F. BALÁT (Brünn), Prof. Dr. G. P. DEMENTJEW (Moskau), Dr. C. EDELSTAM (Stockholm), B. FLACH (Stockholm), Dr. U. GLUTZ VON BLOTZHEIM (Sempach), Dr. O. HENZE (Garmisch-Partenkirchen), L. HERTZOG (Straßburg), Dr. E. KATTINGER (Wunsiedel), Dr. A. KEVE (Budapest), St. KOHL (Reghin), Dr. H. E. KRAMPITZ (Frankfurt a. M.), Dr. R. KUHK (Radolfzell), Prof. Dr. E. KUMARI (Dorpat), Dr. Zd. KUX (Brünn), R. LUGITSCH (Mödling b. Wien), C. LUNAU (Lübeck), S. D. MATVEJEV (Belgrad), MEIR ZEIRA (Jassur, Israel), R. E. MOREAU (London), F. MURR (Bad Reichenhall), Prof. Dr. G. NIETHAMMER (Bonn), G. OLIVIER (Elbeuf), Dr. I. PATKAI (Budapest), J. PINOWSKI (Warschau), Prof. Dr. J. PUZANOW (Odessa), J. ROCHE (Paris), Prof. Dr. H. SCHILDMACHER (Hiddensee), W. SCHNETTER (Freiburg i. Br.), W. SEMMLER (Jena), Dr. J. SOKOLOWSKI (Posen), Dr. J. STEINBACHER (Frankfurt a. M.), A. STOLLMANN (Komárno), Prof. Dr. F. I. STRAUTMAN (Lwow), H. THORBECK (Bad Doberan), J. A. VALVERDE (Valladolid), Dr. R. VERHEYEN (Brüssel), Dr. Zd. VESELOVSKÝ (Prag), Prof. Dr. O. VON WETTSTEIN (Wien), Dr. G. ZINK (Radolfzell).

Die Gestaltung des jeder Karte beigefügten Textes war meine Aufgabe. Ich entschied mich dafür, ihn knapp zu bemessen und nur solche Tatsachen zu erwähnen, die mit der Verbreitung in mehr oder minder engem Zusammenhang stehen und entweder aus ihr abgeleitet werden können oder zum kausalen Verständnis des Grenzverlaufes beitragen.

Sie wurden auf folgende 5 Abschnitte verteilt:

Verwandtschaft. Eine Aussage wurde dann gemacht, wenn es einen sehr nahen (allopatrischen oder sympatrischen) Verwandten der in Rede stehenden Art (oder deren mehrere) gibt. Manchmal diente die Aussage dazu, die Stellung zu bezeichnen, welche die betreffende Spezies innerhalb einer sehr weit gefaßten Sammelgattung einnimmt.

Der Konvention zuliebe wurde im „Atlas" die Nomenklatur von NIETHAMMERS „Handbuch der deutschen Vogelkunde" (3 Bände, Leipzig 1937 bis 1942) auch in solchen Fällen befolgt, in welchen wir einer stärkeren Einengung des Gattungsbegriffes zuneigten.

Gliederung. Damit ist die Gliederung der Art in geographische Rassen gemeint. Solche werden von uns vor allem dann namentlich erwähnt, wenn ihre Merkmale leicht erkennbar sind und wenn die Voraussetzungen für eine exakte Grenzziehung schon gegeben sind. Für die Namen der anderen Rassen und ihre Verbreitung sei auf das Werk von CH. VAURIE, The Birds of the Palearctic Fauna, London 1959, verwiesen.

Zur Verbreitung. In diesem Abschnitt wurden Bemerkungen zur Verbreitungskarte untergebracht, auch Hinweise auf anderweitig veröffentlichte „Spezialkarten".

Oekologie. Die Lage, Gestalt und Ausdehnung des Verbreitungsgebietes jeder Spezies sind das Ergebnis ihrer Ausbreitungsgeschichte und ihrer Oekologie. Exakt erforschbar ist nur die Oekologie. Daher sind oekologische Angaben für das Verständnis des Kartenbildes sehr wesentlich. In manchen Fällen mußte auf den Umstand eingegangen werden, daß die oekologischen Ansprüche der Spezies nicht in allen Teilen ihres Verbreitungsgebietes die gleichen sind.

Wanderungen. Hier ist unterschieden worden zwischen Zugvögeln 1. Grades und Zugvögeln 2. Grades. Jene räumen im Winter ihr gesamtes Brutareal, diese führen weniger weite periodische Wanderungen aus und überwintern zum Teil in den südlichen Bereichen des von ihrer Spezies besiedelten Brutgebietes.

Auf Zeitpunkt, Richtung und Länge der periodischen Wanderungen mußte näher eingegangen werden, weil eine enge Beziehung zwischen der Ausbreitungsgeschichte und der Oekologie der Spezies einerseits, der Lage und der oekologischen Beschaffenheit ihrer Winterquartiere sowie der durchzogenen Strecke andererseits besteht. Lehrreiche Rückmeldungen von Ringträgern wurden daher, weil von größter Beweiskraft, gegebenenfalls erwähnt oder — vor allem wenn neuesten Datums — mit Einzelheiten angeführt.

Aus dem Studium der Verbreitungskarten und ihrer Erläuterungen ergeben sich mancherlei Einsichten von theoretischer Wichtigkeit. Auf sie soll erst in der letzten Lieferung dieses Werkes, nämlich in einem zusammenfassenden Schlußkapitel, mit der erforderlichen Gründlichkeit eingegangen werden.

Denjenigen, denen es weniger auf das Allgemeine und mehr auf das Spezielle ankommt — sie bilden unter den Benutzern des „Atlas" gewiß die Überzahl — wird die Belehrung, die sie sich vom „Atlas" erhoffen, vor allem dann zuteil werden, wenn sie sich in die Karten versenken. Selbst die gewiegten Kenner der Materie werden dabei auf Überraschungen stoßen. Uns Bearbeitern der Karten erging es ebenso (z. B. bei *Hippolais icterina, H. polyglotta, H. pallida*); kamen doch viele für die Grenzziehung wichtige Tatsachen erst im Verlauf unseres ausgebreiteten Briefwechsels ans Licht. Manche Fragezeichen aber vermochten wir auf keine Weise zu beseitigen, denn es gibt sogar in der westlichen Palaearktis noch weite Gebiete, die von den Ornithologen mangelhaft durchforscht sind, voran Transylvanien, Albanien, Nordgriechenland, die europäische Türkei und Anatolien. Sogar das gebirgige Italien gehört in diese Kategorie. Auf meinen 1956 und 1957 in die Abruzzen bzw. nach Calabrien unternommenen Reisen glückten mir einige Feststellungen, die dem „Atlas" sehr zustatten gekommen sind, denn sie nötigten zu einer Verschiebung der vermuteten Grenzlinie.

Gewiß wird es bald manchen Ornithologen reizen, die aus den Karten unseres Werkes ersichtlichen Angaben an Ort und Stelle nachzuprüfen und womöglich zu berichtigen. Möge das Werk auch dadurch zur raschen Vermehrung und Vertiefung unseres Wissens beitragen!

Berlin, im Dezember 1958 ERWIN STRESEMANN

HINWEISE FÜR DEN BENUTZER

Ein Werk wie dieser Atlas zwingt seine Bearbeiter, die Fülle des zu verwertenden Stoffes in eine gedrängte Form zu bringen. Für den Benutzer, dem an gewinnbringender Aufschließung des Inhaltes gelegen ist, sind darum einige erläuternde Bemerkungen vonnöten.

Von der Bezeichnung des Areals von Subspecies in den Karten wurde im allgemeinen abgesehen; in einzelnen Fällen, so bei *Lanius senator* und *Hippolais pallida*, erscheint es jedoch angebracht, die Tatsache, daß geographische oder biologische Schranken den Kontakt zweier benachbarter Unterarten unterbinden, wenigstens in den Listen hervorzuheben.

Bei der Bearbeitung der Karten ist folgendermaßen verfahren worden[1]. Als peripher erkannte (oder vermutete) Fundorte der jeweiligen Art sind durch ein Dreieck bezeichnet, dessen der Zahl abgewandte Spitze den in der Fundortliste unter dieser Nummer aufgeführten geographischen Punkt angibt. Als Verbindung solcher Punkte wurde dann gewöhnlich die Grenze gezogen. In manchen Fällen aber berühren die Dreiecke die Grenzlinie nicht, und zwar oft dann, wenn die physiographischen und oekologischen Gegebenheiten wahrscheinlich machen, daß der äußerste aus einer Gegend bekannte Fundort als innerhalb der Grenze gelegen anzusehen ist, oder dann, wenn ein Fundort aus ähnlichen Gründen als ein vom Hauptareal geschiedenes Vorkommen zu werten ist. Lassen sich die oekologischen Bedingungen in Gebieten, die die Grenze wahrscheinlich durchzieht, nicht hinreichend abschätzen, so wird diese Ungewißheit durch Unterbrechung der Grenzlinie zum Ausdruck gebracht.

Sehr häufig beziehen sich in der Karte verwertete Angaben nicht auf einen „Punkt", sondern bezeichnen, oft ohne nähere Einzelheiten, ein größeres Gebiet (Landschaft, Insel, Gebirge o. ä.); solche Vorkommen sind gewöhnlich durch einen kleinen Kreis dargestellt. Wird ein Punkt der Karte durch ein weiteres, eng benachbartes Vorkommen belegt, so ist dieses in der Liste unter einem — beigeordnet. Fundorte, die die Grenzführung (namentlich bei ungeradem Verlauf) stützen, das Kartenbild aber unübersichtlich machen würden, sind in der Liste an entsprechender Stelle mit einem o aufgeführt.

Bei einigen Arten ließ die Spärlichkeit der Nachrichten (insgesamt oder in größeren Teilen des Areals) die Ziehung einer Grenze nicht zu. In solchem Falle wurden alle bekannt gewordenen Fundorte einzeln eingezeichnet, wiewohl es gewiß ist, daß der Vogel viel dichter und wohl auch weiter verbreitet ist als dieses lückige Bild angibt. Ungenügend begründete Verallgemeinerungen würden dem Ziel des Werkes aber wenig entsprechen können.

Bei der Prüfung der Verwertbarkeit von Nachrichten ergeben sich naturgemäß öfters Unsicherheiten, so etwa, ob man Fundorte in wenig bekannten Landstrichen als Grenzvorkommen ansehen darf, oder ob die Zuverlässigkeit eines Autors oder die Beweiskraft einer Feststellung für die Aufnahme eines Punktes ausreichen. Es läßt sich leicht voraussagen, daß der kritische Benutzer in vielen solcher Fälle anderer Ansicht sein wird als der Bearbeiter. Dabei sollte aber nicht vergessen werden, daß eine von uns für sehr wesentlich erachtete Aufgabe des Werkes darin besteht, auf viele noch offene Fragen hinzuweisen. In strittigen oder der Hervorhebung werten Fällen habe ich in den „Anmerkungen" zur Fundortliste (auf die in der letzteren durch einen ↓ verwiesen wird) oder im Kapitel „Zur Verbreitung" genauere Angaben beigefügt.

Fluktuationen der Verbreitungsgrenze konnten nur in geringem Maße berücksichtigt werden; es ist verständlich, daß eine Grenzlinie über ein größeres Gebiet nicht lediglich auf neuesten Nachweisen beruhen kann. Bei tatsächlicher oder vermuteter Ausbreitung einer Art gibt eine Jahreszahl in der Fundortliste den ermittelten oder doch sehr wahrscheinlichen Zeitpunkt der Ansiedlung an.

[1] Dazu habe ich die von STRESEMANN und ARNOLD 1949 (J. Bombay nat. Hist. Soc. 48, 428-443) für die Drosselrohrsänger und von ENGEL 1952 (Bonn. Zool. Beitr. 3, 41-74) für die Haubenmeise verwandte Kartierungsweise übernommen und für die Zwecke des „Atlas" modifiziert und erweitert. Zur Diskussion der Methode vgl. auch MAUERSBERGER (1958): Der Atlas der Vogelverbreitung. Johann Friedrich Naumann Ehrung. Leipzig/Jena.

Die Beweiskraft der für die Dokumentierung der Fundorte verwandten Angaben ist nicht gleichwertig. Um dem Benutzer die Beurteilung ihrer Verläßlichkeit zu erleichtern, haben wir der Fundortliste eine Spalte mit Symbolen beigefügt, die die folgende Bedeutung haben.

B = literarische oder briefliche Angabe „Brutvogel“, „Jahresvogel“, „resident“ o. ä.

A = Altvögel (nicht im Schwarm) zur Brutzeit beobachtet bzw. erbeutet (auch ♂♂ mit aktiven Hoden). Wenn es ungewiß ist, ob der Termin der Feststellung der Brutzeit zuzurechnen ist, wird in Klammern das Datum hinzugefügt (bei älteren russischen Angaben auf den neuen Stil umgerechnet).

J = Flügge Jungvögel erbeutet oder (z. B. im Familienverband) beobachtet.

N = Fund des Nestes (wenn charakteristisch, auch leer); Altvögel beim Nestbau, Füttern oder mit Futter im Schnabel beobachtet; ♀♀ mit legereifem Ei erbeutet; noch nicht voll befiederte Junge angetroffen.

Da die Häufigkeit des Vogels am betreffenden Ort einen Fingerzeig zu geben vermag, ob sich die Art dort bereits dem oekologischen Peiusbereich und damit der Grenze ihrer Verbreitung nähert, wurde dem Symbol des Nachweistyps eines über die Häufigkeit beigesellt, wobei wir uns der Unzulänglichkeiten dieser Schematisierung bewußt sind. Die Abkürzungen bedeuten im einzelnen:

s = einzeln oder zerstreut bis zu etwa 5 Paaren
a = mehr als etwa 5 Paare
c = häufig bis gemein

In einigen Fällen ist die Häufigkeit für ein größeres Gebiet mit sa angegeben, was bedeutet, daß die Art dort zwar sehr verstreut, im Gebiet insgesamt aber nicht selten auftritt.

Bei den Quellenangaben wurden Zitate aus zweiter Hand tunlichst vermieden. Liegen für einen Ort mehrere literarische Angaben vor, wurde die mit der größten Aussagekraft bevorzugt, bei Schwankungen der Arealgrenze jedoch die neueste.

Für die Abkürzung der Zeitschriftentitel sind die Empfehlungen der „World List of Scientific Periodicals“ (vgl. MICHAEL LISTER, The Bird Watcher's Reference Book. London 1956) befolgt worden. Den oft unhandlichen Titeln von Büchern wurde eine uns eindeutig erscheinende kurze Form gegeben, auch wenn sie vom Original abweicht (z. B. Oiseaux Tunisie statt Voyage de M. Guy Babault en Tunisie — Résultats scientifiques — Oiseaux). Russische Publikationen sind, sofern sie keinen unentbehrlichen oder sehr bekannten Titel in einer Kongreßsprache tragen, im Original zitiert. Zum leichteren Verständnis ihrer Bedeutung mögen die nachstehenden Erläuterungen dienen:

gub.	= Gouvernement	nauka	= Wissenschaft
Zap.	= Zapiski = Schriften, Mémoirs	Ob.	= Obschtschestwo = Gesellschaft
zapow.	= Reservat	priroda	= Natur
Jesheg.	= Jahrbuch, Annuaire	pticy	= Vögel
Jest.	= Naturkunde oder Naturforscher	Sbornik	= Archiv, Sammlung
Izw.	= Mitteilungen	Sel.-Choz.	= Landwirtschaft
Mat.	= Materialien	Trudy	= Arbeiten, Travaux

Im allgemeinen sind in Periodica erschienene Arbeiten mit dem Titel (sowie Bandnummer und Zahl der Seite, wo die betreffende Art behandelt wird) der Zeitschrift angegeben. Hin und wieder sind wir freilich von diesem Brauch abgewichen, wenn die Arbeit bekannter erscheint als die Zeitschrift (z.B. ZARUDNYJ 1903: Oiseaux Perse Orientale statt Zap. Russk. Geogr. Ob.).

Die Transkription der Eigennamen vieler russischer Autoren (und geographischer Bezeichnungen) schwankt in den Kongreßsprachen so sehr, daß wir uns entschlossen, eine einheitliche phonetische Umschreibung der Originalbenennung anzuwenden. Dabei wurde der in Deutschland verbreiteten Methode nach DUDEN („Der Große Duden“, 15. Aufl., S. 900ff., VEB Bibliogr. Inst., Leipzig, 1957) der Vorzug gegeben, allerdings mit den folgenden Abweichungen:

е	= im Anlaut und nach ь, ъ: je	с	= s
з	= z	ц	= c
й	= j	щ	= schtsch
		ь	= im Silbenauslaut j.

Für den Unterschied zwischen л und ль (bzw. л vor weichen Vokalen) gibt es in den Kongreßsprachen keine Entsprechung. Nur bei dem Namen POLAKOW wurde die vertraute Form POLJAKOW gewählt.

Ist eine Ortsbezeichnung im Laufe der Zeit geändert worden (z. B. Smyrna in Izmir), so ist in den Listen die in der Quelle genannte angeführt, die andere in Klammern mit = angeschlossen. Ohne = eingeklammerte Namen dienen der näheren Ortsbestimmung, z. B. Albertyn (Slonim). Ein N, E, S oder W vor dem Namen der Örtlichkeit gibt die Himmelsrichtung an: S Urfa bedeutet „im Süden von der Stadt Urfa", N Prikamje heißt „Nordteil der Kamagegend".

Für den eiligen Leser folgt eine kurze Aufstellung der oben erläuterten Zeichen und Symbole.

Auf den Karten

Dreieck = Lage des Grenzpunktes
Kreis = größeres Gebiet statt Grenz-„Punkt"

In der Fundortliste

unter den Nummern der Grenzpunkte

— = vorhergehender Grenzpunkt durch weiteres, eng benachbartes Vorkommen belegt
o = in der Karte nicht verzeichneter, die Grenzführung stützender Fundort

in der Spalte der Fundorte

N, E, S, W = Himmelsrichtung
Name mit = in () = älterer oder neuerer Name der Örtlichkeit
Name ohne = in () = nähere Ortsbestimmung
Jahreszahl = Jahr der Ansiedlung bei Ausbreitung
Datum = Feststellung am Rande der Brutzeit
↓ = Verweis auf Anmerkung

in der Spalte der Symbole

B = Angabe „Brutvögel"
A = Altvögel zur Brutzeit
J = flügge Jungvögel
N = Nestfund o. ä.
s = Vorkommen einzeln, bis etwa 5 Paare
a = mehr als etwa 5 Paare
c = häufig oder gemein

Zum Aufsuchen der Fundorte für die Einzeichnung in die Karten standen mir die folgenden Atlanten zur Verfügung:
ANDREES allgemeiner Handatlas. 2 Bände. 8. Aufl. 1922. Bielefeld und Leipzig.
Atlas mira (= Weltatlas). Moskwa 1954.
Atlas SSSR. Moskwa 1955.
Atlas des Colonies Françaises. Paris 1934.
The Times Atlas of the World. Mid-Century-Edition. Vol. IV. London 1956.

Die graphische Ausführung der Verbreitungskarten lag in den erfahrenen Händen des Herrn GERHARD TAG, Berlin-Pankow; die Zugkarten zeichnete Herr GERHARD RICHTER, Berlin.

Als Datum des Redaktionsschlusses der ersten Lieferung gilt der 30. November 1958.

GOTTFRIED MAUERSBERGER

Carduelis citrinella (L.)

bearbeitet von

G. MAUERSBERGER

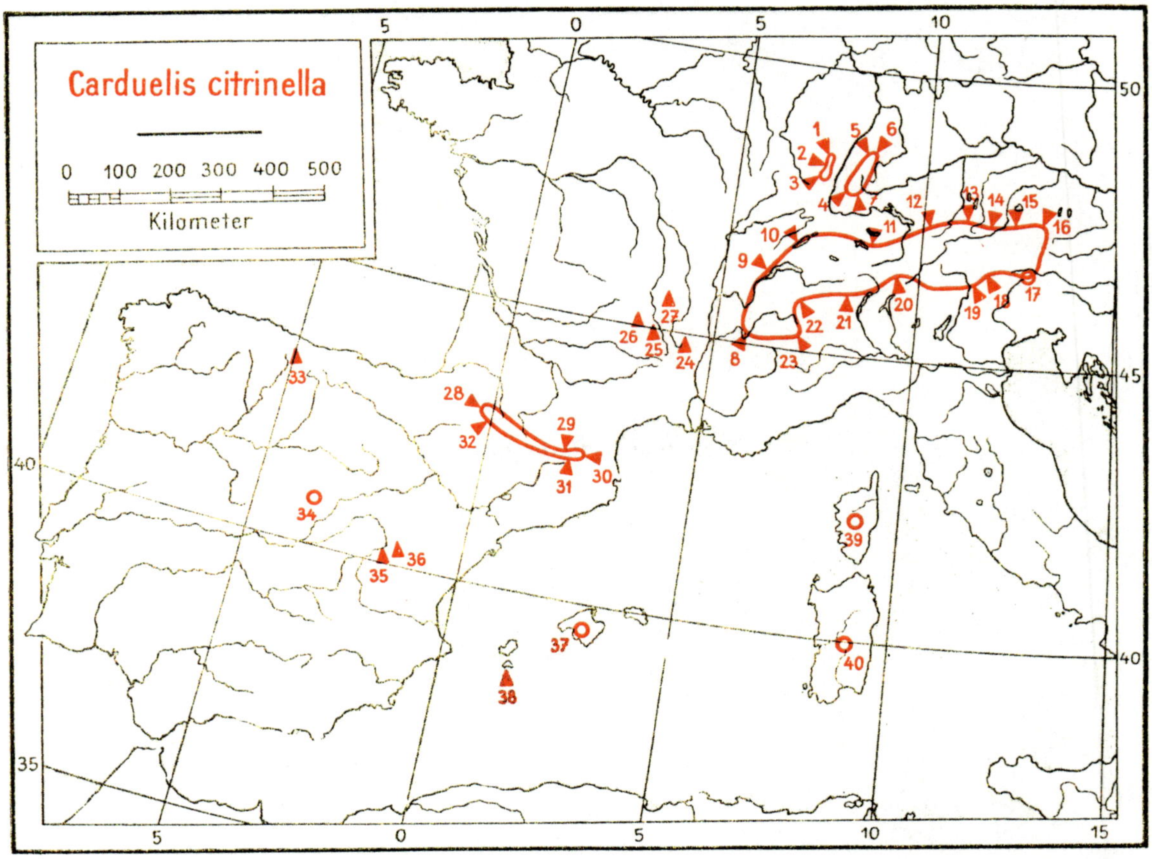

FUNDORTLISTE

1. Salm bei Schirmeck	A	Hertzog 1948
2. Wisembach	Ac	Stresemann 1918
3. Schlucht	Aa	Schelcher 1914
4. Schauinsland	Aa	Schelcher 1914
5. Hornisgrinde	B	Kuhk brfl. 1956
6. zw. Wildbad u. Enzklosterle	As	Löhrl brfl. 1956
7. Schluchseemoor	As	Schelcher 1914
8. Grande Chartreuse	B	Bailly 1854
9. Lac des Rousses	As	Géroudet u. Barruel 1956
10. Creux du Vent	As	Mathey-Dupraz 1922
11. Großer Mythen	A	Corti 1940
12. Hindelang	As	Gengler 1908
13. Heimgarten bei Ohlstadt	As	Wüst brfl. 1957
14. Risserkogel	Ns	Diesselhorst brfl. 1957
15. Kaisergebirge b. Kufstein	B	Müller 1930
16. Untersberg (1951)	A	Murr 1955
17. Karnische Alpen	Na	Keller 1890
18. Brixen	As	v. Dalla Torre u. Anzinger 1897
19. Bozen	A	v. Dalla Torre u. Anzinger 1897
20. Oberhalbstein (25. VII.)	As	Schinz 1942
21. Domodossola	B	Giglioli 1907
22. Pré St. Didier (Aosta)	B	Giglioli 1907
23. Bessans (VIII)	As	Meylan 1937
24. Bonnefoy (Ardèche)	Aa	Meylan 1932
25. Malzieu (Mts. Margeride)	A	Meylan 1932
26. Lioran (Cantal)	As	Meylan 1932
27. Mts. du Forez	B	Mayaud 1949b
28. Val d'Ossau (25. VII.)	Aa	Mayaud 1949a
29. Mérens	A	Saunders 1897
30. Castillane-Tal	A	Mayaud 1931
31. Bourg Madame	Na	Ticehurst u. Whistler 1927
32. Valle de Ara	As	Wallis 1895
33. Picos de Europa	Aa	Bernis 1956
34. Sierra de Guadarrama	Asa	Bernis 1955
35. Tragacete (9. VII.)	Aa	Bernis 1955
36. Albarracin (17. VII.)	Aa	Bernis 1955
37. Mallorca	Ns	Henrici 1927
38. Formentera	As	Henrici 1927
39. Korsika	Nc	Whitehead 1885
40. Sardinien (1882- -)	Ba	Giglioli 1889

Anmerkung

Zu P. 37 und 38:

v. Jordans (1928) und Bernis (1958 und mdl.) haben die Art auf den Balearen nie angetroffen und zweifeln die Bestimmung Henricis (1927) an, die sonst nur gestützt wird durch die Beobachtungen von Munn 1932 (am 4. III. 31 mehrmals 1 Ex. auf Mallorca) und Bernath 1935 (einmal im Juli auf Mallorca). Vielleicht handelt es sich um Ansiedlungsversuche einzelner Paare; in Sardinien soll *citrinella* nach Bonomi (Giglioli 1889) auch erst nach 1880 häufig gefunden worden sein.

LITERATUR

BAILLY 1854 Ornith. Savoie. Paris-Chambéry. 3, 113.
BERNATH 1935 L'Oiseau 5, 509.
BERNIS 1955 Acta XI. Congr. Int. Orn. 1954. Basel. 422.
BERNIS 1956 Ardeola 3, 37.
BERNIS 1958 Ardeola 4, 89.
CORTI 1940 Orn. Beob. 37, 105.
v. DALLA TORRE u. ANZINGER 1897 Mitt. Orn. Ver. Wien 21, 12.
GENGLER 1908 Verh. Orn. Ges. Bayern 9, 224.
GÉROUDET u. BARRUEL 1956 Alauda 24, 92.
GIGLIOLI 1889 Primo resoc. orn. Ital. Firenze. 1, 73.
GIGLIOLI 1907 Sec. resoc. orn. Ital. Firenze. 41.
HAURI 1957 Orn. Beob. 54, 41—44.
HENRICI 1927 Beitr. Fortpfl. Biol. Vögel 3, 9.
HERTZOG 1948 Alauda 16, 197.
INGRAM 1926 Birds Riviera. High Holborn. 6.
v. JORDANS 1928 Novit. Zool. 34, 288.
JOURDAIN 1936 Ibis (13)6, 749.
KELLER 1890 Jb. nat.-hist. Landesmus. Kärnten 38, 86.
MATHEY-DUPRAZ 1922 Orn. Beob. 19, 178.
MAYAUD 1931 Alauda 3, 516.
MAYAUD 1949a Alauda 17—18, 51.
MAYAUD 1949b Alauda 17—18, 94.
MEYLAN 1932 Arch. suisses Orn. 1, 110.
MEYLAN 1937 Alauda 9, 41.
MÜLLER 1930 Anz. Orn. Ges. Bayern 2, 100.
MUNN 1932 Ibis (13)2, 263.
MURR 1955 Jb. Ver. Alpenpfl. u. -tiere 19, 91.
NICOLAI 1957 J. Orn. 98, 363—371.
NIETHAMMER 1937 Handb. dtsch. Vogelk. Leipzig. 1, 68.
SAUNDERS 1897 Ibis (7) 3, 82.
SCHELCHER 1914 Verh. Orn. Ges. Bayern 12, 57.
SCHINZ 1942 Orn. Beob. 39, 71.
STRESEMANN 1918 Verh. Orn. Ges. Bayern 13, 254.
TICEHURST u. WHISTLER 1927 Ibis (12) 3, 288.
WALLIS 1895 Ibis (7) 1, 72.
WHITEHEAD 1885 Ibis (5) 2, 39.

Briefliche Auskünfte erteilten: BAUER, MURR (Österreich), DIESSELHORST HENZE, WÜST (Bayern), HERTZOG (Vogesen), KUHK und LÖHRL (Schwarzwald); Überprüfung der Karte durch MAYAUD (Frankreich) und BERNIS (Spanien).

Carduelis citrinella (L.)

Zitronenzeisig

Verwandtschaft

Der nächste Verwandte von „*Carduelis*" *citrinella* ist der südafrikanische „*Serinus*" *canicollis*. Nach NICOLAI (1957) gehört der Zitronen„zeisig" der vorwiegend afrikanischen Girlitz-Gruppe (*Serinus*) in ihrem weitesten Sinn an, in der er eine morphologische und oekologische Sonderstellung einnimmt; die Schlankheit seines Schnabels ist wahrscheinlich funktionell bedingt und hat SALVADORI veranlaßt, den Zitronenzeisig in eine eigene Gattung, *Chloroptila*, zu stellen.

Gliederung

Zwei durch die Färbung sehr deutlich unterschiedene Rassen:

1. *C. c. corsicana* (Koenig) in Korsika, seit etwa 1880 auch von Sardinien bekannt. Wahrscheinlich gehören auch die auf Mallorca und Formentera nistenden Zitronenzeisige zu dieser Rasse; sie sind noch nicht morphologisch untersucht worden.
2. *C. c. citrinella* (L.) im übrigen Verbreitungsgebiet.

Zur Verbreitung

Möglicherweise besiedelt der Zitronenzeisig die Alpenkette im Südwesten bis zu den Seealpen (cf. INGRAM 1926); exakte Nachweise scheinen zu fehlen. Auf der Pyrenäen-Halbinsel ist er gewiß in bewaldeten Hochgebirgen weiter verbreitet, als die Karte zeigen kann; cf. z. B. JOURDAIN 1936 (Sierra Nevada).

Oekologie

C. c. corsicana: Auf Korsika häufig von der Küste an bis hoch ins Gebirge hinauf, an Lichtungen des Waldes, aber auch im lockeren Baumbestand und in niederem Gestrüpp. WHITEHEAD (1885) fand Nester in *Arbutus*-Büschen. — Auf Mallorca dicht am Meer und an den Vorbergen. Nest auf Seitenast einer Kiefer (HENRICI 1927; s. Anmerkung P. 37 u. 38).

C. c. citrinella: Bewohnt große Waldungen höherer Gebirge bis zur Baumgrenze, sofern in ihnen Coniferen vorherrschen. Weniger im Innern dichter Wälder als an ihren Rändern. Nest meist auf Nadelbäumen, zuweilen auf Laubbäumen, gelegentlich unter dem Strohdach von Sennhütten (NIETHAMMER 1937).

In Zentral-Spanien in subalpinen Wäldern von *Pinus silvestris* (BERNIS 1955); in den Pyrenäen oberhalb 1300 m in Mischwäldern von Tanne, Fichte, Buche (MAYAUD 1931); im Massif Central oberhalb 1100 m in Nadelwäldern von *Picea, Abies, Pinus* (MEYLAN 1932); in den Alpen in Nadel- und Mischwäldern oberhalb 1300 m, bei Partenkirchen oberhalb 800 m; im Schwarzwald und in den Vogesen im Tannen- und Fichtenwald oberhalb 700 m bis zur Baumgrenze (SCHELCHER 1914, STRESEMANN 1918).

Wanderungen

C. c. citrinella läßt sich nach der Brutzeit durch Schneefälle in tiefere Lagen abdrängen und unternimmt hier horizontale Wanderungen (HAURI 1957).

Emberiza cirlus L.

bearbeitet von

G. MAUERSBERGER

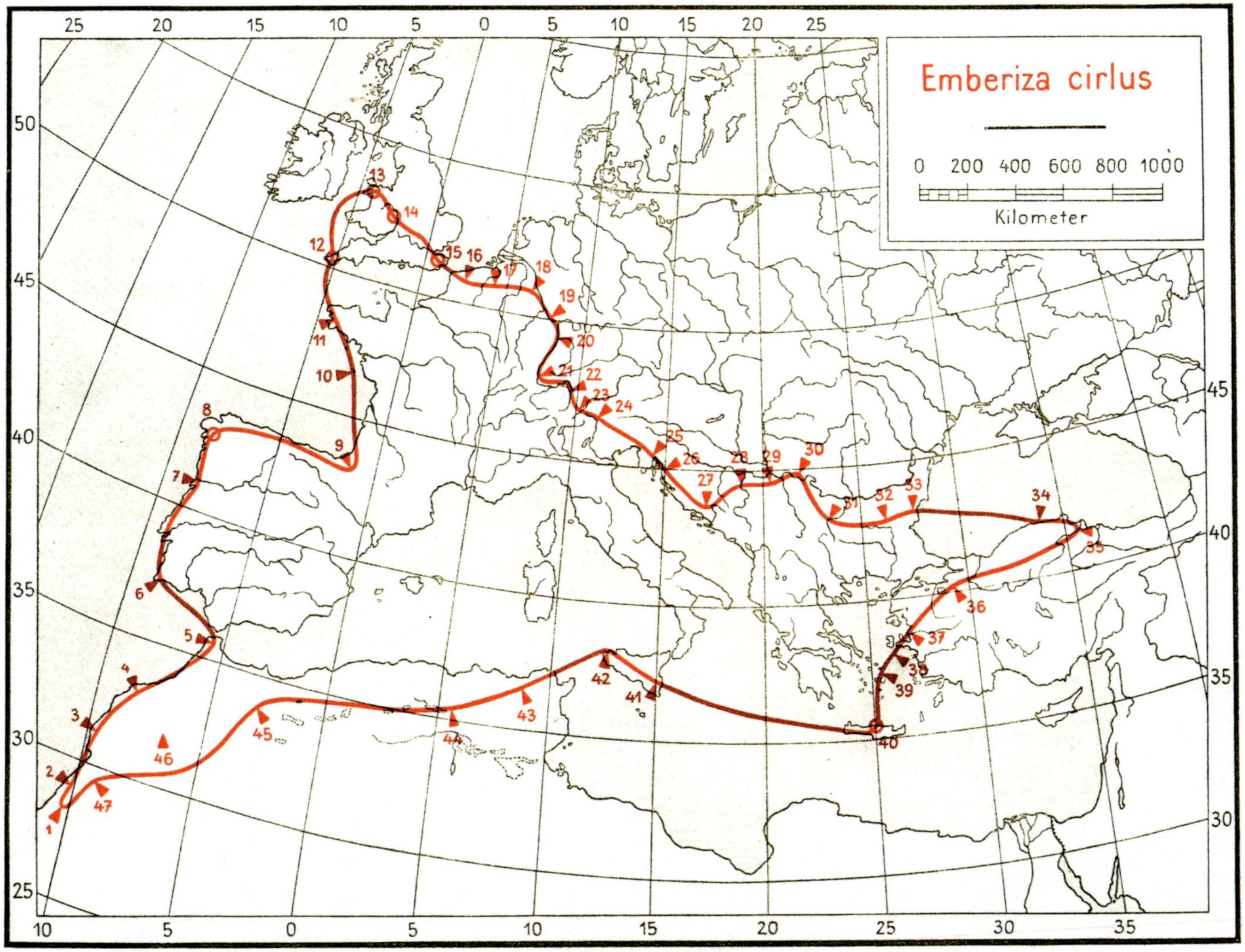
Emberiza cirlus
0 200 400 600 800 1000
Kilometer

FUNDORTLISTE

1. Djebel Guir	A	HEIM DE BALSAC 1954
2. Ifni	A	HEIM DE BALSAC 1954
3. Mogador	A	HARTERT 1923
4. Masagan	A	HARTERT 1923
5. Tanger	Ac	HARTERT 1923
6. Monchique	A	TAIT 1924
7. Oporto	A	FLOERICKE 1922
8. Galicia	Ac	TICEHURST u. WHISTLER 1928
9. St. Étienne	As	TICEHURST u. WHISTLER 1925
10. Yeu	Aa	MAYAUD 1934
11. Briec (25. VII.)	Aa	EBLÉ 1946
12. Cornwall	B	WITHERBY 1952
o Pembrokeshire	B	WITHERBY 1952
13. Carnarvon	B	WITHERBY 1952
14. N Gloucester	B	WITHERBY 1952
o Hertshire	B	WITHERBY 1952
15. Kent	B	WITHERBY 1952
16. Denain	As	GENGLER 1917
17. Brüssel ↓	Bs	VERHEYEN 1944
18. Bonn	Na	NIETHAMMER 1937
19. Wiesbaden	B	GEBHARDT u. SUNKEL 1954
20. Heidelberg	B	GEBHARDT u. SUNKEL 1954
21. Freiburg (Breisgau)	Ns	LAUBMANN 1953
22. Bodensee (Vorarlberg)	Ns	BAU 1903
o Chur	Ns	MELCHER 1951
23. Ramosch (24. VII.)	As	MELCHER 1951
24. Bozen ↓	As	TENIUS 1956
25. Rijeka (= Fiume)	B	KRONEISL brfl. 1957
26. Otočać	A	KRONEISL brfl. 1956
27. Dreżanka-Tal (3. VIII.)	A	REISER 1939
28. Radalj ↓	A	MATVEJEV 1950
29. Sopot ↓	A	MATVEJEV 1950
30. Kozla	Aa	WEIGOLD 1913
31. Lakatnik	A	PATEFF 1950
32. Sliven ↓	A	PATEFF 1950
33. Kamtschyja	A	v. JORDANS 1940
34. Inebolu	Aa	KUMMERLÖWE u. NIETHAMMER 1934
35. Ak-sooderesi	A	DANFORD 1877
36. Sogukpunar	As	v. JORDANS u. STEINBACHER 1948
o Savaştepe	Ac	KUMERLOEVE 1957
37. Smyrna (= Izmir)	N	KRÜPER 1875
38. Ikaria (21. IV.)	As	v. WETTSTEIN 1938
39. Naxos	N	REISER 1905
40. Kreta	A	SCHIEBEL 1925
41. Modica	B	GIGLIOLI 1890
42. Monte Erice	A	KRAMPITZ 1956
43. Ghardimaou	Aa	WHITAKER 1905
44. El Kantara	A	KOENIG 1896
45. Gaada Debdou	B	BROSSET 1956
46. Azilal	Na	LYNES 1933
47. Djebel Kest	Ac	HEIM DE BALSAC 1954

Anmerkungen

Zu P. 17:

Die Nordgrenze in Belgien scheint zur Zeit im Zurückweichen begriffen zu sein; die gezogene Linie stützt sich auf einzelne etwas vorgeschobene Brutorte (vgl. hierzu VAN BENEDEN 1943, VERHEYEN 1944 und VAN BENEDEN 1952).

Zu P. 24:

Ein weit vorgeschobenes, nach wenigen Jahren wieder erloschenes einzelnes Vorkommen wurde von Mödling (S Wien) bekannt (BAUER und ROKITANSKY 1951, LUGITSCH brfl. 1956).

Zu P. 28 u. 29:

Die beiden Örtlichkeiten sind nur (ungenannt) der Karte zu entnehmen.

Zu P. 32.

Die Grenze verläuft sicher nördlicher als mangels Nachrichten noch auf der Karte verzeichnet. Da ich *cirlus* 1959 bei Tyrnowo fand (Ns; MAUERSBERGER unveröff.), ist anzunehmen, daß die Art auch dem südlich davon gelegenen Zug der Stara Planina nicht fehlt.

LITERATUR

BAU 1903 — Orn. Jb. 14, 183.
BAUER u. ROKITANSKY 1951 — Vögel Österreichs. Neusiedl. 44.
VAN BENEDEN 1943 — Gerfaut 33, 14.
VAN BENEDEN 1952 — Gerfaut 42, 85.
BROSSET 1956 — Alauda 24, 200.
DANFORD 1877 — Ibis (4)1, 274.
EBLÉ 1946 — Alauda 14, 153.
FLOERICKE 1922 — Mitt. Vogelw. 20, 124.
GEBHARDT u. SUNKEL 1954 — Vögel Hessens. Frankfurt. 169.
GENGLER 1917 — Orn. Mber. 25, 7.
GIGLIOLI 1890 — Primo resoc. orn. Ital. Firenze. 2, 577.
HARTERT 1923 — Novit. Zool. 30, 95.
HEIM DE BALSAC 1954 — Alauda 22, 154.
v. JORDANS 1940 — Mitt. Naturwiss. Inst. Sofia 13, 78.
v. JORDANS u. STEINBACHER 1948 — Senckenbergiana 28, 164.
KOENIG 1896 — J. Orn. 44, 106.
KRAMPITZ 1956 — J. Orn. 97, 318.
KRÜPER 1875 — J. Orn. 23, 267.
KUMERLOEVE 1957 — Anz. Orn. Ges. Bayern 4, 714.
KUMMERLÖWE u. NIETHAMMER 1934 — J. Orn. 82, 537.
LAUBMANN 1953 — Orn. Mitt. 5, 12.
LYNES 1933 — Mém. Soc. Sci. Nat. Maroc 36, 37.
MATVEJEV 1950 — Ornithogeogr. Serbica. Beograd. 155
MAYAUD 1934 — Alauda 6, 546.
MAYAUD 1941 — Arch. suisses Orn. 1, 539—541.
MELCHER 1951 — Orn. Beob. 48, 127; 133.
NIETHAMMER 1937 — Handb. dtsch. Vogelkunde. Leipzig. 1, 127.
NIETHAMMER 1943 — J. Orn. 91, 198.
PATEFF 1950 — Birds Bulgaria. Sofia. 48.
REISER 1905 — Ornis Balcan. Wien. 3, 217.
REISER 1939 — Ornis Balcan. Wien. 1, 101.
SCHIEBEL 1925 — Orn. Mber. 33, 146.
STRESEMANN 1943 — J. Orn. 91, 474.
TAIT 1924 — Birds Portugal. London. 46.
TENIUS 1956 — Orn. Mitt. 8, 4.
TICEHURST u. WHISTLER 1925 — Ibis (12)1, 447.
TICEHURST u. WHISTLER 1928 — Ibis (12)4, 669.
VERHEYEN 1944 — Zangvogels België. Brussel. 1, 261.
WEIGOLD 1913 — Aquila 20, 197.
v. WETTSTEIN 1938 — J. Orn. 86, 17.
WHITAKER 1905 — Birds Tunisia. London. 1, 235.
WITHERBY 1952 — Handb. Brit. Birds. London. 1, 127.

Briefliche Auskünfte erteilten ATANASSOV (Bulgarien), KEVE (Banat), KOHL (Rumänien), KRONEISL (Jugoslawien), KUMERLOEVE (Türkei), LUGITSCH (Österreich), VERHEYEN (Belgien) und ZINK (Württemberg).

Emberiza cirlus L.

Zaunammer

Verwandtschaft

Der nächste Verwandte dieser Species dürfte *Emberiza citrinella* sein.

Zur Verbreitung

Spezialkarten der Verbreitung in England: Witherby 1952; in Deutschland: Niethammer 1937; in Serbien: Matvejev 1950. — Die Nordgrenze ist ± erheblichen Schwankungen unterworfen (vgl. Anm. zu P. 17).

Oekologie

Zur Brutzeit mit Vorliebe an sonnigen Hängen, die mit dichtem oder dicht durchwachsenem Gebüsch locker bestanden sind, mit einigen eingesprengten Bäumen (Singwarten). In Südeuropa auch an Lichtungen des Nadelwaldes der Gebirge. Im nördlichen Teil des Areals (z. B. im Rhein-Gebiet) nur am Fuße der Berge, im offenen Gelände Italiens von der Niederung (hier spärlich) bis 1400 m, in den Grands Causses bis 1000 m (Mayaud 1941), im Pelopennes und auf Kreta fast nur in mittleren Lagen der Gebirge zwischen 500 und 1600 m (Niethammer 1943, Stresemann 1943). Das gleiche gilt für die Atlas-Länder (Whitaker 1905). — Nest meist in einiger Entfernung vom Boden in Büschen oder niederen Bäumen, selten auf dem Boden.

Wanderungen

Im allgemeinen Standvogel, selbst an der Nordgrenze des Verbreitungsgebietes. Die Familien vereinigen sich zu kleinen, auf der Nahrungsuche zuweilen weit umherstreifenden Verbänden. Einzeln weit vor der nördlichen Verbreitungsgrenze Angetroffene mögen versprengte Junge sein.

Emberiza hortulana L.

bearbeitet von

G. EBER und J. SZIJJ

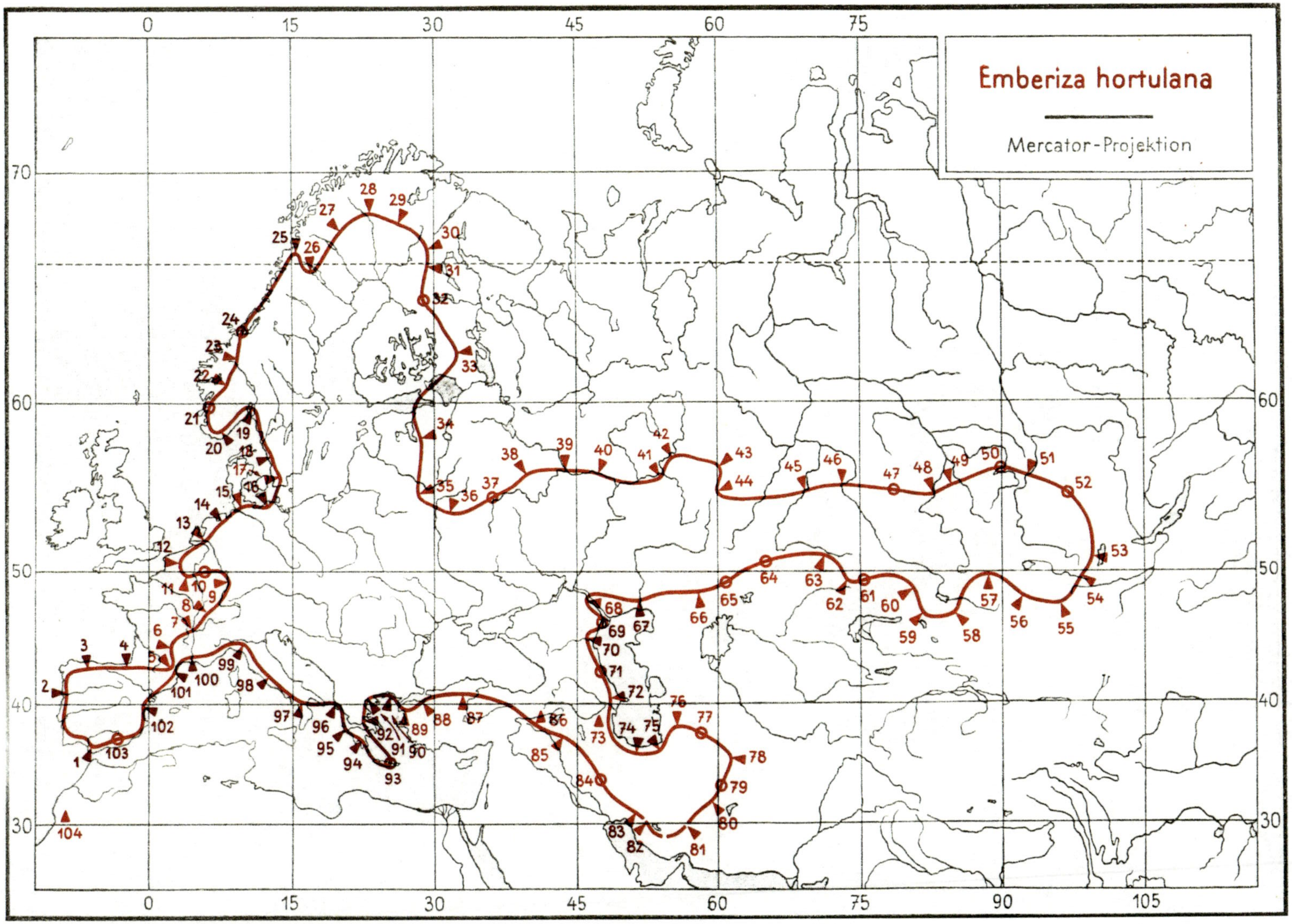
Emberiza hortulana
Mercator-Projektion

FUNDORTLISTE

1. Casas Viejas	Aa	Irby 1895
2. um Oporto	A	Tait 1924
3. Murias de Paredes	Ac	Bernis 1956
4. Pamplona	Bc	Ticehurst u. Whistler 1925
5. Rennes-les-Bains	Ac	Mayaud 1933
6. Causse du Comtal	Aa	Mayaud 1934
7. Mt. d'Or	Aa	Douaud 1952
8. Vaumarcus (Neuchâtel) ↓	Ns	Géroudet 1954
9. Speyr	B	Niethammer 1937
10. Luxemburg	Ns	Morbach 1939
11. Juniville	As	Sunkel 1922
12. Roeulx	Bs	Mayaud 1941
13. Nijmegen	B	Spaepen 1952
14. Logabirum b. Leer	Na	Rabler 1939
15. Lentföhrden	As	Schulz 1948
16. Bützow	As	Wendt 1930
17. um Lund ↓	Bs	Engström 1952
18. Getinge	N	Durango 1948
19. Christiania (= Oslo)	Na	Collett 1864
20. Kristiansand	Na	Collett 1894
21. Ryfylke	B	Schaanning 1916
22. Hemsedal	Ba	Løvenskiold 1947
23. Vaga (= Vaage)	Bc	Løvenskiold 1947
24. Trondhjem-Fjord	B	Schaanning 1916
25. Saltdalen	A	Schaanning 1916
26. Jäckvik	J	Durango 1948
27. Kiruna	Bc	Holm 1948 fide Engström 1952
28. Palojoensuu	N	Kurkisalo 1947
29. Petkula (N Sodankylä)	A	Tenovuo fide Merikallio 1958
o Savukoski	A	Merikallio 1958
30. Märkäjärvi	Aa	Trettau 1952
31. Lehto am Suininki ↓	As	Mauersberger 1959
32. Kirchspiel Hyrynsalmi	A	Lumiala 1938
33. Suojärvi	As	Hytönen 1937
34. Izborsk (= Nowoizborsk)	Ns	Zarudnyj 1910
35. S Kreis Lepel	As	Fedjuschin 1926
36. Petrowitschi, Kr. Roslawl	B	Stantschinskij 1926
37. Bezirk Kaluga	As	Sanickij 1912
38. Wojinowo, Kreis Pokrow	Nc	Poljakow 1911
39. Nishnij-Nowgorod (= Gorkij)	Ac	Serebrowskij 1918
40. Marijinskij posad (Tschuwaschische ASSR)	As	Perschakow 1932
41. Menzelinsk	Bc	Perschakow 1930
42. Jelowo	As	Woroncow 1949
43. Sysertj	As	Sabanejew 1874
44. Mijas (= Miass)	Aa	Suschkin 1908
45. Petropawlowsk	B	Johansen 1944
46. Werblushje (50 km N Omsk)	A	Ruzskij 1897
47. Baraba-Steppe	B	Zalesskij 1931
48. Nowosibirsk	B	Zalesskij 1931
49. Jurga	As	Chachlow 1937
50. Zoogeogr. Bezirk Atschinsk ↓	B	Tugarinow 1927
51. Krasnojarsk	Bc	Tugarinow 1911
52. Zoogeogr. Bezirk Kansk — Nishneudinsk ↓	B	Tugarinow 1927
53. Westufer des Kosogol (= Chubsugul) (11. VIII.)	As	Buturlin 1913
54. See Sangin-Dalai	As	Coll. Zool. Inst. Leningrad (Portenko brfl. 1957)
55. Uljasutai	Ac	Kozlowa 1932
— Schiregin-(= Schurugin-)Gol (40 km S Uljasutai)	Ac	Kozlowa 1932
56. Kara-Usu (= Chara-Us-Nur)	As	Coll. Zool. Inst. Leningrad (Portenko brfl. 1957)
57. Tal der Tschagan-Burgaza	A	Suschkin 1938
58. Vorberge des Saur-Gebirges	N	Dolguschin brfl. 1958
59. Tarbagataj	Bc	Chachlow 1928; Dolguschin brfl. 1958
60. Dsharma-Fluß ↓	A	Selewin 1929
61. Berge bei Karkaralinsk	Ac	Selewin 1935
62. Darja (zw. Karaganda und Sharyk	As	Dolguschin 1947
63. Akmolinsk	A	Stegman 1934
64. Unterlauf des Karaturgaj	Bc	Suschkin 1908
65. Unterlauf des Irgiz	Bs	Suschkin 1908
66. Kok-Dshida (Emba ca. 48° N)	Bc	Suschkin 1908
67. Dshongolsaj (Unterl. Ural)	Bs	Dubinin 1953
68. Tschorny-Jar	Bc	Kracht 1919
69. Wolga-Delta	B	Bostanshoglo 1911
70. Kizlar	Bs	Boehme 1925
71. Dagestan	B	Satunin 1907
72. Berge bei Schemacha	Nc	Gambarow 1954
o Steppe von Saljany	B	Satunin 1912
73. Karadagh	As	Coll. Zool. Inst. Leningrad (Portenko brfl. 1957)
74. oberes Lar-Tal	As	Meiklejohn 1948
75. Bart (SW Asterabad; 25.VII.)	AJs	Stresemann 1928
76. Bami	Nc	Zarudnyj 1896
77. Deregez-Gebirge	Ac	Zarudnyj 1896
78. Ghiaz-Ghedyk (= Gez-Geldy)	B	Dementjew et alii 1947
79. Berge von Zirkuh (zw. Awis u. Tebbes)	Bs	Zarudnyj 1903
80. Ku-Buwak (zw. Nih u. Mighan)	B	Zarudnyj 1900
81. Hanaka (2. V.)	A	Blanford 1876
82. Abadeh (N Shiraz)	N	Blanford 1876
83. Berm-Firuz	Ac	Witherby 1903
84. „Zagrossisches Gebiet"	B	Sarudny (Zarudnyj) 1911
85. Ser Amadia	Nc	Chapman u. McGeogh 1956
86. Erzerum ↓	Aa	McGregor 1917
87. Çankiri	As	Kummerlöwe u. Niethammer 1934

Anmerkungen

Zu P. 8:

In der Schweiz brütet der Ortolan nur strichweise in Graubünden, Wallis, Waadt und Neuchâtel, wohl auch im Tessin; in den mittleren und nördlichen Kantonen fehlt er (vgl. Géroudet 1954 u. 1957).

Zu P. 17:

Der Fundort ist nur (ungenannt) der Karte zu entnehmen.

Zu P. 31:

Wahrscheinlich bewohnt er auch ähnliche Plätze in der gleichartig erscheinenden Landschaft weiter östlich (in Sowjet-Karelien).

Zu P. 50 und 52:

Die unbestimmten Angaben Tugarinows (1927) lassen eine Beurteilung der tatsächlichen Verbreitung in Mittelsibirien nicht zu.

Zu P. 60:

Im Gebiet südlich des Balchasch-Sees brütet *hortulana* nicht; die Angaben Schnitnikows (1949) gründen sich auf Spätdurchzügler. Kozlow sammelte ein ♂ im Juni sogar am Flusse Itschegyn (= Itschegan = Bomyn) südlich des Muschketow-Gebirges im Nan-Schan (Coll. Zool. Inst. Leningrad, Portenko brfl. 1957).

Zu P. 86:

In Vorderasien verläuft die Grenze wahrscheinlich weiter südlich, doch lassen sich aus diesem wenig erforschten Raum kaum Stützen für diese Vermutung beibringen. Patkai (brfl. 1957) fand im Juli 1937 bei Malatia, Meinertzhagen (1935) noch in der ersten Maihälfte Ortolane im Libanon bei ca. 3000 m und hält sie für „almost certainly breeding"; an diesen Stellen fehlt offenbar *Emberiza caesia*.

88. Sogukpunar	A	v. JORDANS u. STEINBACHER 1948
— Ulu-dagh	As	Coll. Mus. Istanbul (KUMERLOEVE brfl. 1957)
89. Savaştepe	Aa	KUMERLOEVE 1957
90. Samothraki	Bc	HARRISON u. PATEFF 1937
91. Arsakli (E Saloniki)	As	PEUS 1954
o Ossa-Gebirge	Na	PEUS 1954
92. Parnass	N	KRÜPER 1875
93. Kreta	Ba	NIETHAMMER 1943a
94. Ladá (Taygetos)	Bc	REISER 1905
95. Scopos (Zante; 7. V.)	As	REISER 1905
96. Korfu	B	DRUMMOND 1843
97. Monte Pollino	Ae	STRESEMANN 1957
98. Monti Prenestini	Aa	ALEXANDER 1927
99. Passo la Cisa	A	WÜST 1954
100. „Mas de Broglie“ (Camargue)	N	CHABOT 1932
101. Banyuls	Ac	MAYAUD 1931
102. Sagunto	As	DEETJEN 1955
103. Sierra Nevada	As	LYNES 1912, NIETHAMMER 1957
104. Seksawa ↓	As	HARTERT 1923

Anmerkung

Zu P. 104:
Seltsamerweise scheint der Ortolan dem Atlas-Gebiet fast völlig zu fehlen. Die einzigen Hinweise auf Sommervorkommen in Marokko geben HARTERT 1923 (3 ♀♀ von RIGGENBACH „in May and June“ bei Seksawa und Emsassen gesammelt) und CHAWORTH-MUSTERS 1939 (bei Taddert, wo Verf. bis 21.V. weilte, nach dem 10. IV. „very common“). Allerdings ist Spätzug oder Übersommern denkbar (vgl. Anm. zu P. 60).

LITERATUR

ALEXANDER 1927 Ibis (12)3, 282.
BANNERMAN 1953 Birds Brit. Isles. London. 1, 273.
BOEHME 1925 Orn. Exc. Kizlar, Dagestan, Wladikawkaz. 12.
BERNIS 1955 Acta XI. Congr. Int. Orn. 1954. Basel. 420.
BERNIS 1956 Ardeola 3, 35.
BLANFORD 1876 Eastern Persia. London. 2, 259.
BOSTANSHOGLO 1911 Mat. Fauna Flora Ross. 11, 227.
BUTURLIN 1913 J. Sect. Zool. Soc. Sci. Nat. (n. s.) 1, 57.
CHABOT 1932 L'Oiseau 2, 713.
CHACHLOW 1928 Izw. Tomsk. Uniw. 81, „72“.
CHACHLOW 1937 Mem. Perm. Ped. Inst. 1, 183.
CHAPMAN u. MCGEOGH 1956 Ibis 98, 594.
CHAWORTH-MUSTERS 1939 Ibis (14)3, 272.
COLLETT 1864 Christiania orn. Fauna. Christiania. 91.
COLLETT 1894 Nyt Mag. Naturv. 35, 363.
DAL 1954 Shiwotn. Armjansk. SSR. Erewan. 245.
DEETJEN 1955 Ardeola 2, 20.
DEMENTJEW et alii 1947 CR Acad. Sci. URSS 56, 104.
DOLGUSCHIN 1947 Izw. Akad. nauk Kazach. SSR, Zool. 6, 81.
DOUAUD 1952 Alauda 20, 176.
DRUMMOND 1843 Ann. Mag. Nat. Hist. 12, 417.
DUBININ 1953 Trudy Inst. Lesa 8, 35.
DURANGO 1948 Alauda 16, 2; 6.
ENGSTRÖM 1952 Vår Fågelv. 11, 28.
FEDJUSCHIN 1926 Bull. Soc. Nat. Moscou 35, 147.
GAMBAROW 1954 Trudy Inst. Zool. Akad. Azerb. SSR 17, 88.
GÉROUDET 1954 Nos Oiseaux 23, 217.
GÉROUDET 1957 Nos Oiseaux 24, 106.
HARRISON u. PATEFF 1937 Ibis (14)1, 596.
HARTERT 1923 Novit. Zool. 30, 96.
HEIM DE BALSAC 1950 Alauda 17—18, 209.
HYTÖNEN 1937 Orn. Fenn. 14, 115.
IRBY 1895 Orn. Straits Gibraltar. London. 109.
JOHANSEN 1944 J. Orn. 92, 75.
v. JORDANS u. STEINBACHER 1948 Senckenbergiana 28, 164.
KOZLOWA 1932 Trudy Mongolsk. Komiss. 3, 66.
KRACHT 1919 J. Orn. 67, 328.
KRÜPER 1875 Griech. Jahresz. 3, 197.
KUMERLOEVE 1957 Anz. Orn. Ges. Bayern 4, 714.
KUMMERLÖWE u. NIETHAMMER 1934 J. Orn. 82, 538.
KURKISALO 1947 Orn. Fenn. 24, 13.
LØVENSKIOLD 1947 Handb. Norges Fugler. Oslo. 93.
LUMIALA 1938 Orn. Fenn. 15, 80.
LYNES 1912 Ibis (9)6, 463.
MAUERSBERGER 1959 Falke 6, 76.
MAYAUD 1931 Alauda 3, 518.
MAYAUD 1933 Alauda 5, 464.
MAYAUD 1934 Alauda 6, 253.
MAYAUD 1941 L'Oiseau 11, Suppl., 108.
MCGREGOR 1917 Ibis (5)1, 9.
MEIKLEJOHN 1948 Ibis 90, 80.
MEINERTZHAGEN 1935 Ibis (13)5, 125.
MERIKALLIO 1958 Finnish Birds. Helsinki. 151.
MORBACH 1939 Vögel der Heimat. Esch-sur-Alzette. 1. 247.
NIETHAMMER 1937 Handb. dtsch. Vogelk. Leipzig. 1, 130.
NIETHAMMER 1943a Ann. Nat.-hist. Mus. Wien 53, 23.
NIETHAMMER 1943b J. Orn. 91, 199.
NIETHAMMER 1957 Bonn. Zool. Beitr. 8, 236.
PERSCHAKOW 1930 Trudy Ob. izutsch. Tatarstana, 166.
PERSCHAKOW 1932 Zap. Kazan. Uniw. 92/5—6, 43.
PEUS 1954 Bonn. Zool. Beitr. 5, Sonderbd., 14.
POLJAKOW 1911 Messag. orn. 2, 283.
RABLER 1939 Orn. Mber. 47, 62.
REISER 1905 Ornis Balcan. Wien. 3, 216.
RUZSKIJ 1897 Jesheg. Tobolsk. Muz. 7, 13.
SABANEJEW 1874 Pozwon. Sredn. Urala. Moskwa. 42.
SANICKIJ 1912 Izw. Kalushsk. Ob. Prirody 1,85.
SATUNIN 1907 Mat. ptic Kawkaz. kraja. Tiflis. 26.
SATUNIN 1912 Mugansk. stepj 3, 27.
SCHAANNING 1916 Norges Fuglefauna. Kristiania. 54.
SCHNITNIKOW 1949 Pticy Semiretschja. Moskwa-Leningr. 394.
SCHULZ 1948 Mitt. faun. Arbeitsg. Schl.-Holst. 1, 34.
SELEWIN 1929 Trudy Semipalatinsk. Muz. 2, 37.
SELEWIN 1935 Bull. Univ. Asie Centr. 21/14, 131.
SEREBROWSKIJ 1918 Mat. Fauna. Flora Ross. 15, 106.
SPAEPEN 1952 Gerfaut 42, 164—214.
STANTSCHINSKIJ 1926 Ekonom. Shiznj 4—5, 10.
STEGMAN 1934 Trudy Kazach. Akad. nauk SSSR 1, 29.
STRESEMANN 1928 J. Orn. 76, 357.
STRESEMANN 1957 J. Orn. 98, 380.
SUNKEL 1922 Verh. Orn. Ges. Bayern 15, 107.
SUSCHKIN 1908 Mat. Fauna Flora Ross. 8, 548.
SUSCHKIN 1938 Birds Soviet Altai. Moskwa-Leningr. 2, 78
TAIT 1924 Birds Portugal. London. 46.
TICEHURST u. WHISTLER 1925 Ibis (12)1, 447.
TRETTAU 1952 Vogelwelt 73, 95.
TUGARINOW 1911 Zap. Krasnojarsk. Geogr. Ob. 1/3—4, 111.
TUGARINOW 1927 Mem. Middle Siber. Geogr. Soc. 1, 20.
WENDT 1930 Mitt. Vogelw. 29, 14.
WITHERBY 1903 Ibis (8)3, 520.
WORONCOW 1949 Pticy Kamsk. Priuralja. Gorjki. 73.
WÜST 1954 Anz. Orn. Ges. Bayern 4, 127.
ZALESSKIJ 1931 Bull. Soc. Nat. Moscou 40, 162.
ZARUDNYJ 1896 Mat. Fauna Flora Ross. 2, 238.
ZARUDNYJ 1900 Mém. Acad. Sci. St.-Pétersb. (8)10/1, 168.
ZARUDNYJ 1903 Oiseaux Perse orient. St.-Pétersb. 239.
ZARUDNYJ 1910 Mém. Acad. Sci. St.-Pétersb. (8)25/2 114.
ZARUDNYJ (SARUDNY) 1911 J. Orn. 59, 213.

Briefliche Auskünfte erteilten CATUNEANU (Rumänien), GLUTZ VON BLOTZHEIM (Schweiz), HOLGERSEN (Norwegen), KRONEISL (Jugoslawien), KUMERLOEVE und PATKAI (Kleinasien), LUNDEVALL (Schweden), MEIR ZEIRA (Israel), SCHÜZ (Persien) und THORBECK (Mecklenburg); Überprüfung der Karte durch DOLGUSCHIN (Kazachstan), JOHANSEN (Westsibirien) und PORTENKO (Sowjetunion).

Emberiza hortulana L.

Ortolan

Verwandtschaft

Innerhalb der artenreichen Gattung *Emberiza* bildet *E. hortulana* zusammen mit *E. caesia* und *E. buchanani* eine durch Färbungsmuster, Gesang und Verhalten deutlich gekennzeichnete Dreier-Gruppe (Subgenus *Glycispina*). Diese ist abzuleiten aus einer weit verbreiteten Stammart, deren Areal infolge von Klimaänderungen in drei räumlich getrennte Wohngebiete (wahrscheinlich ein mitteleuropäisches, ein SO-europäisch-vorderasiatisches und ein persisch-turkestanisches) zerfiel. Dort entstanden allmählich drei Arten mit verschiedenen oekologischen Ansprüchen. Bei erneuter postglacialer Ausbreitung ist *E. hortulana* sowohl mit *E. caesia* als auch mit *E. buchanani* wieder in räumliche Berührung geraten.

Zur Verbreitung

Obgleich sehr weit verbreitet, zeigt *E. hortulana* nur schwache Ansätze zu geographischer Variation (Johansen 1944); die östlichen Populationen (Westsibirien, NW-Mongolei) haben (relativ ?) besonders lange Flügel, vielleicht in Anpassung an den langen Wanderweg. Daraus kann gefolgert werden, daß sie große Teile ihres Areals erst spät besiedelt hat, vielleicht vom östlichen Mitteleuropa aus. Keine andere *Emberiza*-Art zeigt u. W. so starke Schwankungen ihrer lokalen Häufigkeit wie diese. Vorübergehend ist sie, wenigstens in Europa, aus weiten Bezirken verschwunden und dort nach Jahren oder Jahrzehnten wieder eingewandert. Daher fluktuieren auch die Grenzen des Gesamt-Gebietes. Spezialkarten der Verbreitung in der Schweiz: Géroudet (1954), in Schweden: Engström (1952), in Finnland: Merikallio (1958).

Oekologie

E. hortulana ist in oekologischer Hinsicht weit plastischer als ihre beiden Verwandten und hat daher ein viel größeres Areal besiedeln können als diese. In Mittel-, Nord- und Osteuropa, wo sie die weiten Ebenen oder das Hügelland bewohnt, brütet *E. hortulana* hauptsächlich in der offenen Kulturlandschaft, die mit Feldhecken oder freistehenden Bäumen durchsetzt ist, denn sie bevorzugt hohe Singwarten. Weiter südlich meidet sie die Tiefebene (z. B. die ungarische) und nistet vor allem auf Hochplateaus und an sonnigen, mit Gestrüpp dicht oder locker bestandenen Berghängen. An solchen geht sie dort in den Gebirgen bis zur subalpinen Zone empor und zieht diese den tiefen Lagen vor. Dal (1954) fand sie in Armenien nur in der Bergzone zwischen 1400 und 2500 m, Niethammer (1943, p. 50) im Peloponnes nur oberhalb der Baumgrenze zwischen 1800 und 2000 m in der zerstückelten Zwergbuschsteppe, Reiser (1905) in Griechenland in größerer Zahl nur in den alpinen Hochregionen bis 2400 m, tiefer unten viel spärlicher. In den Gebirgen von Zentral-Spanien ist sie häufig zwischen 1900—2200 m im Gebüsch von *Cytisus purgans* (Bernis 1955), in der Sierra Nevada gemein bei 2400 m (Niethammer 1957). In NW-Afrika kennt man sie nur aus dem westlichen Hohen Atlas oberhalb 1700 m. Im Zagross-Gebirge Persiens traf sie Witherby (1903) bei 3000 m an. Der Ortolan könnte daher auf hohen Gebirgen Klein-Asiens südlich unserer Verbreitungsgrenze künftig gefunden werden. — Nest am Boden.

Wanderungen

(Monographisch bearbeitet von Spaepen 1952 und Bannerman 1953.) Zugvogel. Wandert meist einzeln oder in kleinen Gruppen. Wintergebiete der asiatisch-osteuropäischen Populationen bilden die buschreichen Savannen von NO-Afrika (besonders Eritrea, Abessinien, Somali-Land und östlicher Sudan), sowie Darfur. Südlichste Vorkommen im Nordteil der Kenya-Colony und von Uganda. Einzelne überwintern schon in SW-Arabien. Die herbstlichen Zuglinien dieser Populationen konvergieren und nehmen im Osten einen südwestlichen Verlauf (durch Persien und Irak bzw. Beludschistan und weiter durch Arabien). Ein wohl später erst hinzugekommenes Wintergebiet liegt zweifellos im westlichen Sudan (Heim de Balsac 1950, p. 205), wohin sich offenbar die Durchzügler bzw. Brutvögel Belgiens, West-Frankreichs und der Iberischen Halbinsel wenden. Ein auf dem Durchzug in Belgien beringter Ortolan wurde in Portugal erbeutet, war also nach SW, ein in SW-Finnland beringter dagegen war über Udine, also nach S gezogen. Viele wandern durch Marokko und über den Hohen Atlas, eine kleine (?) Zahl auch durch die algerische Sahara. Ankunft in Mazedonien nach Mitte April, in Finnland nördlich 65° nach Mitte Mai, bei Krassnojarsk zwischen 8. und 15. Mai. — Verbleibt in den Brutgebieten bis August oder Mitte September, sehr vereinzelt bis Oktober.

Emberiza buchanani Blyth

bearbeitet von

G. MAUERSBERGER

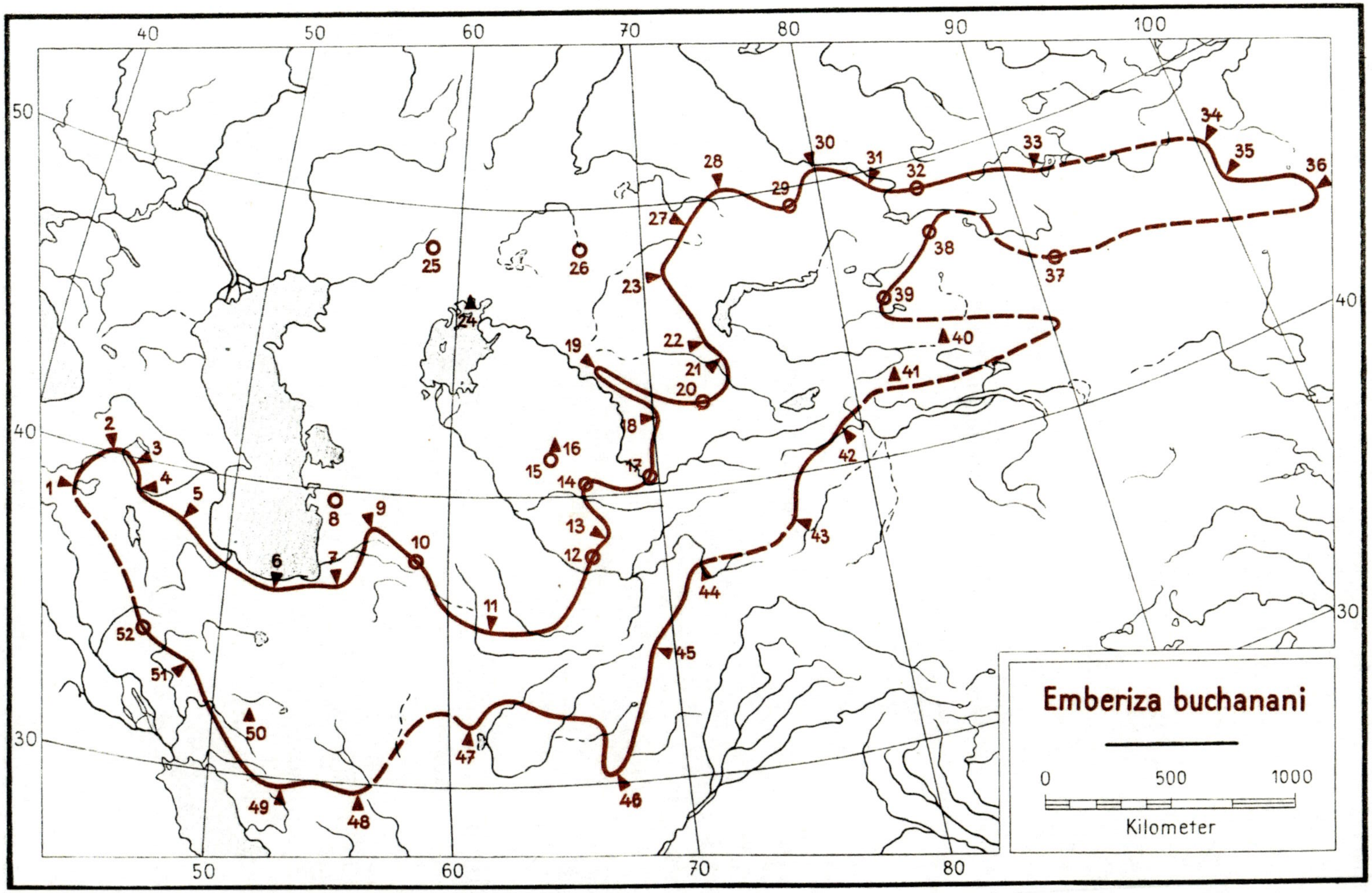
Emberiza buchanani
0
500
1000
Kilometer

FUNDORTLISTE

1.	Van-See	As	WITHERBY 1907
2.	Sardar-Abad-Steppe	As	BOBRINSKOJ 1915
3.	Mikojan	As	LAISTER u. SOSNIN 1942
4.	Dshulfa	As	LAISTER u. SOSNIN 1942
5.	Sawalan-dagh	As	Coll. Zool. Inst. Leningrad (PORTENKO brfl. 1957)
6.	Demawend	AJc	Coll. Zool. Inst. Leningrad (PORTENKO brfl. 1957)
7.	Abr	Ac	PALUDAN 1940
o	Mittellauf des Tschandyr	Ac	ZARUDNYJ 1896
8.	Großer Balchan	Ac	BILKEWITSCH u. ZARUDNYJ 1918, SCHESTOPEROW 1937
9.	Kızyl-Arwat	Ac	ZARUDNYJ 1896
10.	Zarınkew-(= Serınkuh-)Geb.	Ac	ZARUDNYJ 1896
11.	Kyzyl-Dshar (Badchyz)	As	HEPTNER 1956
12.	Kugitang-tau	B	SPANGENBERG u. SUDILOWSKAJA 1954
13.	Bajsun	As	Coll. Zool. Inst. Leningrad (PORTENKO brfl. 1957)
14.	Nura-Tau	Aa	MEKLENBURCEW 1937
15.	Ak-Tau ↓	Bc	ZARUDNYJ 1915
—	Amantaj (Aumınza-Tau)	As	Coll. Zool. Inst. Lenıngrad (PORTENKO brfl. 1957)
16.	Tochta-Tau (= Dshetymtau)	Bc	ZARUDNYJ 1915
17.	Mogol-Tau	A	IVANOV 1940
18.	Aksu-Dshabagly	Ac	SCHEWTSCHENKO 1948
19.	Ak-Tau (NW Kara-Tau)	Bc	SCHAPOSCHNIKOW 1931
o	Kara-Tau	Ac	DOLGUSCHIN 1951
20.	Kırgisisches (= Alexander-)	N	BAMBERG 1906
	Gebirge	Nc	DOLGUSCHIN brfl. 1958
21.	Chan-Tau	Nc	DOLGUSCHIN brfl. 1958
22.	Dshambyl	Nc	DOLGUSCHIN brfl. 1958
23.	Bulat-Tau	N	DOLGUSCHIN brfl. 1958
24.	Kutubaj-Berg (Perow-Bucht)	Bs	BOSTANSHOGLO 1911
25.	Mugodsharen ↓	Na	SUSCHKIN 1908
26.	U'u-Tau ↓	AJa	SUSCHKIN 1908
27.	Sharyk	N	DOLGUSCHIN brfl. 1958
28.	Ajuly-Berge	N	DOLGUSCHIN brfl. 1958
29.	Tschıngis-Tau	Ba	ZALESSKIJ 1931
30.	um Semipalatinsk	Bc	CHACHLOW u. SELEWIN 1928
31.	Kok-Tau (Kalbinskıj Altaı)	A	SELEWIN 1929
32.	Kurtschum-Gebirge	Ac	POLJAKOW 1912
33.	Kobdo (VIII)	As	Coll. Zool. Inst. Lenıngrad (PORTENKO brfl. 1958)
34.	Kloster Laman-Gegen am Tujn-Gol-Fluß	A	TUGARINOW 1929
35.	Iche-Bogdo (Gobi-Altai)	Aa	KOZLOWA 1930, 1933
36.	Dundu-Sajchan (NE Gurbun-Sajchan)	A	BIANCHI 1915
37.	Bajtyk-Bogdo-Gebirge	A	Coll. Zool. Inst. Leningrad (PORTENKO brfl. 1958)
38.	Vorberge des Saur-Gebirges	Nc	DOLGUSCHIN brfl. 1958
39.	Östl. Vorberge des Dshungarischen Alatau	N	DOLGUSCHIN brfl. 1958
40.	Kijtyn-Fluß (Boro-Choro) ↓	A	PLESKE 1892
41.	Köksu bridge am Tekes-Fluß	A	LUDLOW u. KINNEAR 1933
42.	Kukurt (bei Utschturfan)	Aa	SUDILOWSKAJA 1936
43.	Kitschik-Karol (SW Igiz-jar)	Aa	SUDILOWSKAJA 1936
44.	Chorog (Schugnan-Gebirge) ↓	Aa	IVANOV 1940
45.	Kabul	A	WHISTLER 1945
46.	Quetta	Na	MEINERTZHAGEN 1920
47.	Bendan	As	ZARUDNYJ 1903
48.	Khan-i-surkh	Ns	BLANFORD 1876
49.	Shiraz	A	BLANFORD 1876
50.	Paradumba	Ac	BÉLDI 1918
51.	Karun	Aa	PALUDAN 1938
52.	„Zagrossisches Gebıet"	Ba	ZARUDNYJ 1911

Anmerkungen

Zu P. 15:

Wahrscheinlich bewohnt der Steinortolan noch weitere isolierte Bergzüge der Kyzyl-Kum (z. B. Bukan-Tau, Kuldshuk-Tau, Arystan-Tau).

Zu P. 25 und 26:

Fast alle der von SUSCHKIN angegebenen Örtlichkeıten sind auf Karten unauffindbar. Das Brutgebıet ın den Mugodsharen reicht offenbar fast bis 50° N, das in der Karte unter „Ulu-Tau" verzeichnete umfaßt wohl dıe meisten Hügelgruppen (z. B. auch Arganaty) im Gebiet des Turgaj-Oberlaufes (DOLGUSCHIN brfl.).

Zu P. 40:

Die Karte deutet an daß *buchanani* möglicherweise bis zum östlichen Dshungarıschen Tien-Schan verbreitet ist; PRZEWALSKI (Tgb.) traf die Art Mitte Mai am Chajdu-Gol (ın einem kleinen Schwarm) und nördlich des Bagratsch-Kul (bei 2500 m) an, nıcht aber an den Flüssen Juldus, Canma und Ili (PORTENKO brfl. 1958).

Zu P. 44:

Der Grenzverlauf ın den zentralasıatischen Hochgebırgen (NW-Kuen-Lun, Pamir) ist unklar. Nach IVANOV (1940) besucht sie den hohen Pamir nur auf dem Zuge, kommt aber im Schugnan-Gebirge bis 2500 m Höhe vor.

LITERATUR

BAMBERG 1906 — Z. Ool. Orn. 15, 168.
BÉLDI 1918 — Aquila 25, 94.
BIANCHI 1915 — Ann. Mus. Zool. Pétrograd 20, 24.
BILKEWITSCH u. ZARUDNYJ 1918 — Izw. Turkest. Geogr. Ob. 14, 44.
BLANFORD 1876 — Eastern Persia. London. 2, 258.
BOBRINSKOJ 1915 — Izw. Kawkaz. Mus. 8, 30.
BOSTANSHOGLO 1911 — Mat. Fauna Flora Ross. 11, 227.
CHACHLOW u. SELEWIN 1928 — Uragus 2, 30.
DOLGUSCHIN 1951 — Izw. Akad. nauk. Kazach. SSR 105, Zool. 10, 101.
HEPTNER 1956 — Fauna Vertebr. Badghyz. Aschchabad. 70.
IVANOV 1940 — Oiseaux Tadjikistan. Moscou. 164.
KOZLOWA 1930 — Pticy Zabajkalja, Sew. Mongolıı ı centr. Gobı. Leningrad. 192.
KOZLOVA 1933 — Ibis (13) 3, 73.
LAISTER u. SOSNIN 1942 — Ornis Armeniaca. Erewan. 273.
LUDLOW u. KINNEAR 1933 — Ibis (13) 3, 670.
MEINERTZHAGEN 1920 — Ibis (11) 2, 142.
MEKLENBURCEW 1937 — Acta Univ. Asıae Med. 8a, Zool. 26, 34.
PALUDAN 1938 — J. Orn. 86, 597.
PALUDAN 1940 — Dan. Sci. Invest. Iran. Copenhagen. 2, 38.
PLESKE 1892 — Bull. Acad. Scı. St.-Pétersb. 13/2, 283.
POLJAKOW 1912 — Ausflug Saıssan-Nor u. Marka-kul. 93.
SCHAPOSCHNIKOW 1931 — Bull. Soc. Nat. Moscou (n. s.) 40, 250.
SCHESTOPEROW 1937 — Keys Vertebr. Turkomania. Baku. 4, 205.
SCHEWTSCHENKO 1948 — Trudy Zapowedn. Aksu- Dshabagly 1, 47.
SELEWIN 1929 — Trudy Semipalatınsk. Muz. 2, 57.
SPANGENBERG u. SUDILOWSKAJA 1954 — Ptıcy Sow. Sojuza. Moskwa. 5, 442.
SUDILOWSKAJA 1936 — Bırds Kashgarıa. Moskwa. 31.
SUSCHKIN 1908 — Mat. Fauna Flora Ross. 8, 550.
TICEHURST 1939 — Ibis (14) 3, 350.
TUGARINOW 1929 — Mat. Comm. Mongole 3, 216.
WHISTLER 1945 — J. Bombay nat. Hıst. Soc. 45, 121.
WITHERBY 1907 — Ibis (9) 1, 103.
ZALESSKIJ 1931 — Zap. Semipal. Ob. Kazachst. 3, 28.
ZARUDNYJ 1896 — Mat. Fauna Flora Ross. 2 239.
ZARUDNYJ 1903 — Oiseaux Perse orient. St.-Pétersb. 240.
ZARUDNYJ 1911 — J. Orn. 59, 213.
ZARUDNYJ 1915 — Mat. Fauna Flora Ross. 14, 118.

Briefliche Auskünfte erteılten: KEVE (Dshungarei), TRAYLOR, VAURIE (Persien); Überprüfung der Karte durch DOLGUSCHIN (Kazachstan) und PORTENKO (Sowjetunion).

Emberiza buchanani Blyth

Steinortolan

Verwandtschaft

Ein naher Verwandter von *Emberiza hortulana*, den manche Systematiker wegen seiner Färbungsähnlichkeit wahrscheinlich als deren südöstliche Subspecies betrachten würden, wenn diese Auffassung nicht durch das Naturexperiment widerlegt worden wäre. Beider Areale haben sich nämlich in einem weiten Raum übereinandergeschoben, ohne daß dort Bastarde auftreten. Sie unterscheiden sich nicht nur wesentlich durch die Zugrichtung (*E. hortulana* überwintert im nördlichen Afrika, jenseits der Sahara; *E. buchanani* in Nordwest-Indien), sondern auch durch die oekologischen Ansprüche. Wo sie gemeinsam vorkommen, bevorzugt *E. hortulana* die fruchtbaren Ackerbaugebiete, *E. buchanani* dagegen das steinige Ödland bis zu beträchtlichen Höhen. Diese oekologische Trennung wird dann besonders deutlich, wenn sie unmittelbar beisammen leben (so in den Mugodsharen, nach Suschkin 1908). Der Gesang von *E. buchanani* gleicht einem gedämpften Ortolan-Gesang (Suschkin 1908).

Gliederung

Im Süden, von Armenien bis Afghanistan und Tadshikistan, sind die Steinortolane in vielen Gefiederbezirken lebhafter rostfarben getönt und erscheinen daher weniger grau (subsp. *buchanani* = *huttoni*, s. Ticehurst 1939, p. 350) als im Norden von der Kirgisen-Steppe bis zum östlichen Altai und in Turkestan (subsp. *obscura* Sarudny & Korejew). Wahrscheinlich gehen beide Rassen in einer mittleren Zone gleitend ineinander über.

Zur Verbreitung

Spezialkarte der Verbreitung im Semiretschje bei Schnitnikow (1949).

Oekologie

E. buchanani verlangt zum Aufenthalt Steingeröll oder felsigen Untergrund, spärlich bewachsen mit niederen Pflanzen (in Transkaspien mit Wacholder). In solchem Biotop, der im Persischen Hochland, in Turkmenien und den angrenzenden Bergländern weite Flächen einnimmt, ist der Steinortolan stellenweise recht häufig. Dagegen fehlt er fast überall völlig in den steinarmen Niederungen und Steppen.

In den Gebirgen und Hochländern Persiens, Beludschistans und Afghanistans ist er vor allem oberhalb 2000 m zu finden. Nahe der Nordgrenze seiner Verbreitung brütet er auch in weit geringerer Höhe, bis zu 400 m hinab, im trockenen, steinigen Hügelland.

Nest am Boden im Schutz der Vegetation.

Wanderungen

Zugvogel. Wandert oft in kleinen Verbänden. Wintergebiet in NW-Indien; dorthin streben die Populationen aus allen Richtungen, indem sie Beludschistan, Sind und Afghanistan durchwandern und sich dann südwärts bis Khandala und ostwärts bis Etawah truppweise zerstreuen. Sie halten sich in Indien vor allem im Buschland und im Unkraut der Feldraine auf.

Ankunft am Brutplatz in Afghanistan Anfang/Mitte April, im Norden Ende April/Mai. — Verbleib in der Kirgisen-Steppe bis August (Suschkin 1908), in Transkaspien bis September (Zarudnyj 1896).

Emberiza caesia Cretzschmar

bearbeitet von

G. MAUERSBERGER

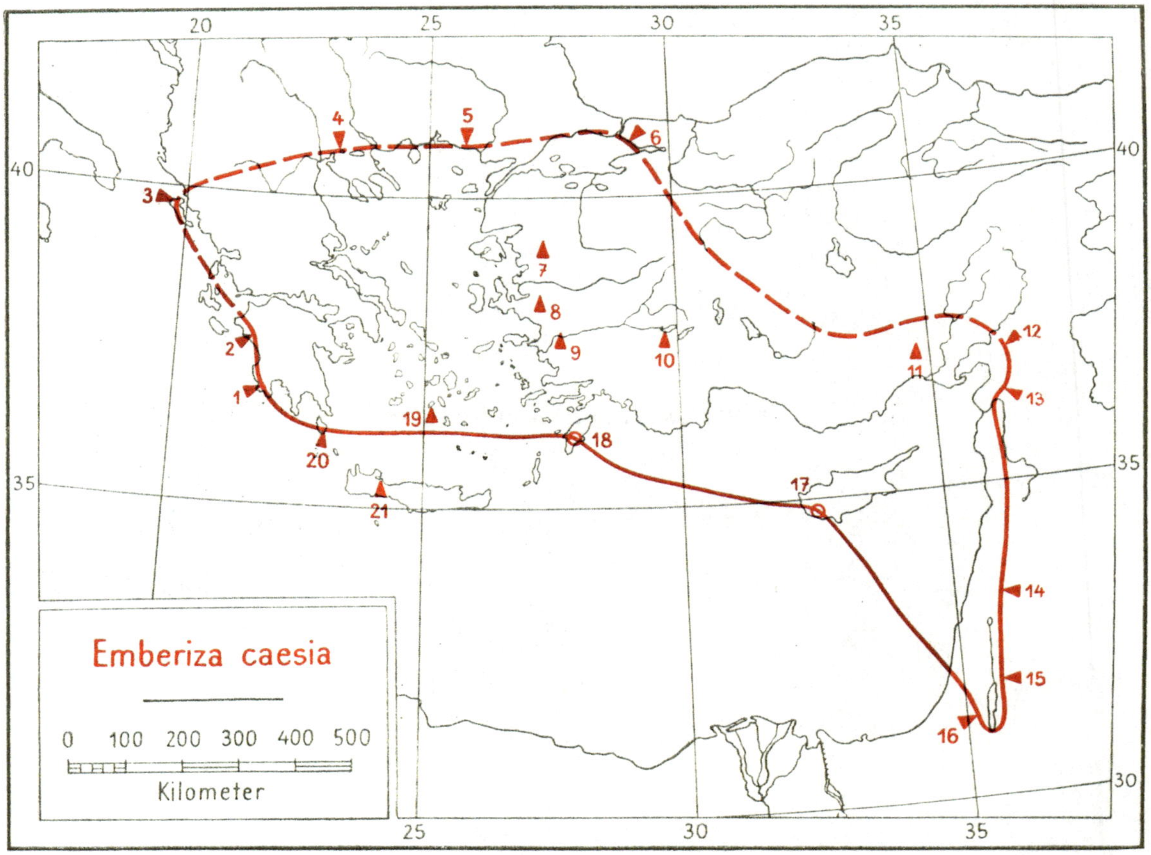

FUNDORTLISTE

1.	Pylos	A	Reiser 1905
2.	Pyrgos	A	Niethammer 1943b
3.	Korfu	Ns	Reiser 1905
4.	Filiros	N	Makatsch 1950
5.	zw. Komotini und Makri	A	Flach 1955
6.	Büyük Camlica b. Üsküdar	A	Kumerloeve 1957
7.	Savaştepe	As	Kumerloeve 1957
8.	Burnabat (= Bornova)	Na	Krüper 1875
9.	Aidin	Aa	Schrader 1891
10.	Adji-tus Göl	Na	Selous 1900
11.	bei Bürücek	A	Kumerloeve brfl. 1957
12.	Haruniye	As	Kumerloeve brfl. 1957
13.	Kirikhan am Amik Gölu	Aa	Kumerloeve brfl. 1957
14.	Mt. Hermon	A	Phillips 1915
15.	Es Salt	A	Mendelssohn brfl. 1956
16.	S Hebron	B	Mendelssohn brfl. 1956
17.	Cypern	Nc	Bucknill 1910
18.	Rhodos	Aa	Sassi 1937
19.	Sikinos	As	v. Wettstein 1938
20.	Kythera	A	Reiser 1905
21.	Kreta ↓	A	Lynes 1912

Anmerkung

Zu P. 21:

Auf Kreta brütet *hortulana* auch in erheblich niedrigeren Lagen als auf dem Peloponnes (Niethammer 1943a), nimmt also auch die dort von *caesia* besiedelte „Schicht" ein; nach allen Erfahrungen mit der oekologischen Vikarianz der beiden Arten kann *caesia* auf Kreta höchstens ein sehr spärlicher Brutvogel der untersten Lagen sein. Bisher ist die Vermutung von Lynes 1912 („some seemed to start breeding") ohne Stütze geblieben.

LITERATUR

BUCKNILL 1910 Ibis (9)4, 14.
FLACH 1955 Fauna och Flora 50, 209.
KATTINGER 1934 Verh. Orn. Ges. Bayern 20, 376.
KRÜPER 1875 J. Orn. 23, 268.
KUMERLOEVE 1957 Anz. Orn. Ges. Bayern 4, 714.
LYNES 1912 Ibis (9)6, 130.
MAKATSCH 1950 Vogelwelt Mazed. Leipzig. 128.
NIETHAMMER 1943a Ann. Nat.-hist. Mus. Wien 53, 23.
NIETHAMMER 1943b J. Orn. 91, 200.
PEUS 1954 Bonner Zool. Beitr. Sonderband, 13.
PHILLIPS 1915 Auk 32, 288.
REISER 1905 Ornis Balcan. Wien. 3, 213.
SASSI 1937 Verh. Orn. Ges. Bayern 21, 102.
SCHRADER 1891 Orn. Jb. 2, 192.
SELOUS 1900 Ibis (7)6, 408; 411.
STRESEMANN 1943 J. Orn. 91, 475.
v. WETTSTEIN 1938 J. Orn. 86, 17.

Briefliche Auskünfte erteilten: FLACH, KATTINGER (Mazedonien), KUMERLOEVE (Kleinasien), MENDELSSOHN (Palästina), NIETHAMMER (Kreta) und v. WETTSTEIN (Aegaeis).

Emberiza caesia Cretzschmar

Rostbartortolan

Verwandtschaft

E. caesia bildet zusammen mit *E. hortulana* und *E. buchanani* eine Gruppe nahe verwandter Arten. Besonders viele Ähnlichkeiten (Zeichnungsmuster des Kopfes, Färbung der Eier, Gesang) bestehen zwischen den beiden ersten. Sie verhalten sich aber wie „gute" Arten, denn sie kommen stellenweise in der gleichen Gegend vor, ohne Bastarde zu bilden. In gemeinsam besiedelten Gebieten des Peloponnes sind die Brutgebiete von *E. hortulana* und *E. caesia* vertikal gestaffelt: jener wohnt höher als dieser (NIETHAMMER 1943 b). Weiter nördlich treffen sie in niederen Höhenlagen zusammen. In solchen Fällen findet man *E. hortulana* ausschließlich in Biotopen mit lockerem Baumbestand oder mit hohem Buschwerk, etwa in Form der gelichteten hohen Macchie, während *E. caesia* dort auf die baumfreien, trockenen Hänge und Plateaus mit der Zwergstrauch-Formation oder mit noch dürftigerem Pflanzenwuchs beschränkt ist (PEUS 1954). Auf den niederen, kahlen Inseln der Aegaeis brütet nur *E. caesia* (v. WETTSTEIN 1938). Auf der gebirgigen Insel Samothrake lebt in tiefen Lagen *E. caesia*, an der oberen Grenze des Eichenwaldes bei 1200 m dagegen *E. hortulana* (KATTINGER 1934).

Zur Verbreitung

Die Verbreitungsgrenze von *E. caesia* ist noch ungenügend bekannt. Ganz kürzlich erst ist dieser Vogel an den Punkten 5, 6, 7, 11—13, 15 und 16 gefunden worden. Durch das nahezu unerforschte Innere von Nord-Griechenland und Klein-Asien mußte vorläufig eine hypothetische Linie gezogen werden.

Oekologie

Trocken-heiße steinige Berglehnen, schütter bestanden mit Zwergsträuchern und kleinen Büschen, bilden seine bevorzugte Lebensstätte. An solchen Stellen brütet er in Griechenland von der Küste bis etwa 600 m, in Peloponnes sogar bis 1200 m aufwärts.

Nest am Boden.

Wanderungen

Zugvogel. Wandert in kleinen Verbänden. Einige überwintern schon in West-Arabien, die meisten in Eritrea, Abessinien und weitere westlich bis zum Nil. Von NO-Afrika aus gelangen auch die griechischen Populationen nicht auf direktem Wege, sondern über Palästina und das westliche Klein-Asien in ihr Brutgebiet (STRESEMANN 1943). Ankunft am Brutplatz im März oder Anfang April, Abzug von August bis Anfang Oktober.

Emberiza melanocephala Scopoli

bearbeitet von

G. MAUERSBERGER

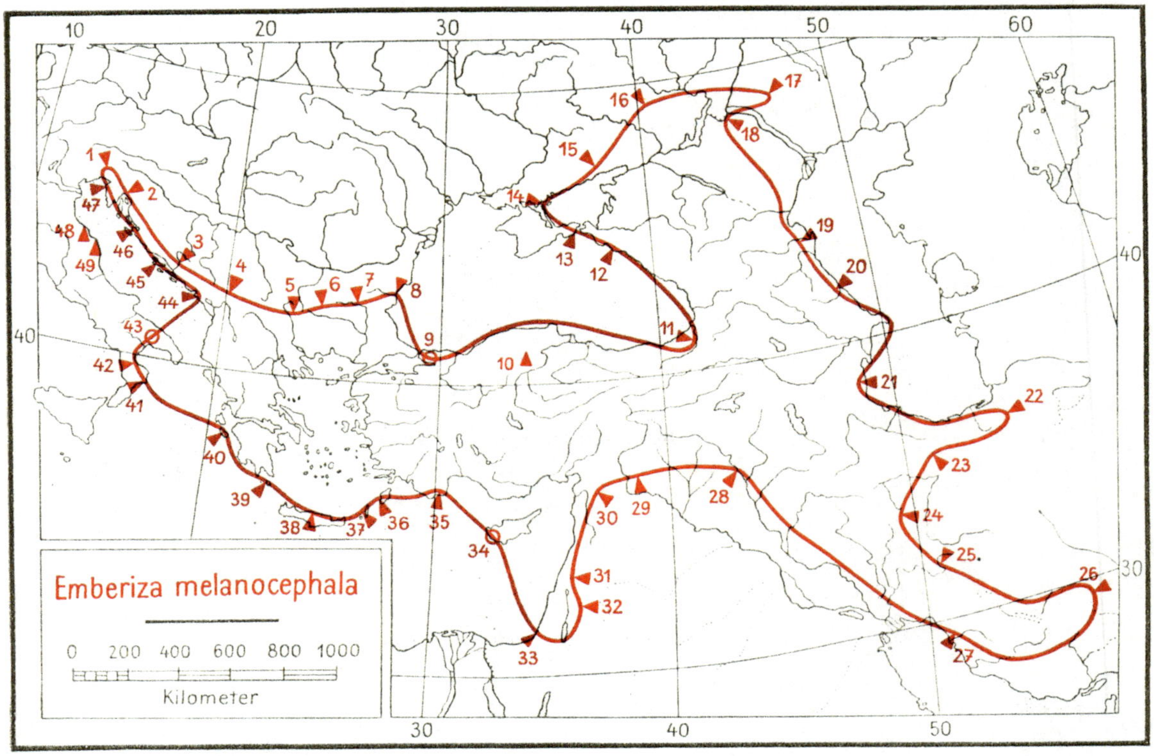

FUNDORTLISTE

1. Tricesimo	Bs	Vallon 1918
2. Rijeka (= Fiume)	Ba	Kroneisl brfl. 1956
3. Mostar	Ac	Reiser 1939
4. Peč	A	Matvejev 1950
5. Dupnica (= Stanke Dimitrow)	B	Pateff 1950
6. Sredna Gora	B	Pateff 1950
7. Sliven ↓	B	Pateff 1950
8. Varna (= Stalin) ↓	A	Alléon 1886
9. Bithynische Halbinsel	A	Braun 1908
10. Ilgaz Dagh	A	Kummerlöwe u. Niethammer 1934
11. Artwin	Aa	Nesterow 1911
12. Beta-Tal (Gelendshik)	Bs	Stachowskij 1941
13. Kasaul (Opuk)	Ns	Frank 1950
14. Genitschesk (1940)	N	Sokur 1940
15. Wolnowacha	B	Woltschaneckij 1950
16. Tschertkowo (1949)	Ba	Woltschaneckij 1950
17. Dshanybek (1949) ↓	Ns	Woltschaneckij 1950
18. Sarepta (= Krasnoarmejsk)	B	Menzbier 1895
19. Kizlar	As	Boehme 1925
20. Derbent	Aa	Radde 1884
21. Lenkoran	Aa	Radde 1884
22. Abr ↓	Ac	Paludan 1940
23. Teheran	B	Buxton 1921
24. Sultanabad	As	Paludan 1940
25. Paradumba	Ac	Béldi 1918
26. Mashish	Aa	Blanford 1876
o Sarwistan	Ac	Blanford 1876
27. Kaserun	Aa	Blanford 1876
o Tol-i-safid	Jc	Witherby 1903
28. Mossul	Na	Allouse 1953
29. Tell-Abiad (50 km S Urfa)	B	Misonne 1956
30. Aleppo	Ns	Clarke 1924
31. Mt. Hermon	Aa	Phillips 1915
32. Dj. Druze (29. IV.)	Ba	Meinertzhagen 1935
33. Gaza	Aa	Meinertzhagen 1920
34. Cypern	Nc	Bucknill 1910
35. Solak	N	v. Jordans u. Steinbacher 1948
36. Rhodos	Na	v. Wettstein 1938
37. Karpathos	As	v. Wettstein 1938
38. Knossos (Kreta)	Na	Stresemann 1956
39. Kythera	A	Reiser 1905
40. Zante	Aa	Reiser 1905
41. Cotrone (= Crotone)	N	Lucifero 1898
42. E Castrovillari	Aa	Stresemann 1957
43. Apulien	Ba	Giglioli 1889
44. Župa	N	Brusina 1891
45. Lesina	Aa	Reiser 1939
46. Nin (= Nona)	Na	Maštrović 1942
47. Umago	Ba	Kroneisl brfl. 1956
48. Pesaro ↓	As	Falconieri di Carpegna 1892
49. Ancona ↓	B	Salvadori 1887

Anmerkungen

Zu P. 7 u. 8

Zumindestens im Osten Bulgariens tritt die Kappenammer auch nördlich des Balkangebirges (= Stara Planina) auf. Dort sah ich sie im Mai 1959 (MAUERSBERGER unveröff.) auf der ganzen Strecke zwischen Warna, Dewnja, Nowi Pazar und Kaspitschan bis vor Kolarowgrad (= Schumen, Schumla), nördlich von Warna bis zur Batowa (= Batowska, Balada); OUNDJIAN (brfl. 1959) traf sie sogar am Kap Kaliakra. Wie weit nach Norden sie in der Dobrudsha vorkommt, läßt sich bisher auch nach einzelnen Fruhjahrsfunden (v. DOMBROWSKI 1946; nach VAURIE brfl. 1 Ex. von Malcoci im Amer. Mus. New York) nicht sicher abschätzen.

Zu P. 17:

Berührungspunkt mit *Emberiza icterica* (= P. 7 auf deren Karte); vgl. Abschnitt „Verwandtschaft“.

Zu P. 22:

In diesem Gebiet überschneiden sich die Areale von *E. melanocephala* und *E. icterica* (vgl. P. 1 und P. 37 auf deren Karte, die Zugkarte und den Abschnitt „Verwandtschaft“).

Zu P. 48 und 49:

Möglicherweise tritt die Art entlang der gesamten Adriaküste als Brutvogel auf, doch vermögen bisher nur diese beiden Punkte die oft ausgesprochene Behauptung zu stützen. Dagegen erschien es nach den Beobachtungen STRESEMANNS (1957) angezeigt, Apulien und Calabrien in das Areal einzuschließen.

LITERATUR

ALLÉON 1886 — Ornis 2, 407.
ALLOUSE 1953 — Iraq Nat. Hist. Mus. Publ. 3, 144.
BÉLDI 1918 — Aquila 25, 96.
BLANFORD 1876 — Eastern Persia. London. 2, 260.
BOEHME 1925 — Orn. Exc. Kizlar, Dagestan. Wladikawkaz. 12.
BRAUN 1908 — J. Orn. 56, 571.
BRUSINA 1891 — Orn. Jb. 2, 7.
BUCKNILL 1910 — Ibis (9)4, 12.
BUXTON 1921 — J. Bombay Nat. Hist. Soc. 27, 107.
CLARKE 1924 — Ibis (11)6, 104.
v. DOMBROWSKI 1946 — Ornis Romaniae. Bucureşti, 1, 145.
FALCONIERI DI CARPEGNA 1892 — Boll. Soc. Rom. Zool. 1, 128.
FRANK 1950 — Bonn. Zool. Beitr. 1, 173.
GIGLIOLI 1889 — Primo resoc. orn. Ital. Firenze. 1, 96.
v. JORDANS u. STEINBACHER 1948 — Senckenbergiana 28, 164.
KUMMERLÖWE u. NIETHAMMER 1934 — J. Orn. 82, 537.
LUCIFERO 1898 — Avicula 2, 144.
MAŠTROVIĆ 1942 — Vögel Küstenl. Kroat. Zagreb. 1, 97.
MATVEJEV 1950 — Ornithogeogr. Serbica. Beograd. 152.
MEINERTZHAGEN 1920 — Ibis (11)2, 204.
MEINERTZHAGEN 1935 — Ibis (13)5, 126.
MENZBIER 1895 — Pticy Rossiji. Moskwa. 2, 567.
MISONNE 1956 — Gerfaut 46, 196.
NESTEROW 1911 — Messag. orn. 2, 102.
PALUDAN 1940 — Dan. Sci. Invest. Iran. Copenhagen. 2, 14; 33.
PATEFF 1950 — Birds Bulgaria. Sofia. 47.
PHILLIPS 1915 — Auk 32, 288.
RADDE 1884 — Ornis Caucas. Kassel. 189.
REISER 1905 — Ornis Balcan. Wien. 3, 218.
REISER 1939 — Ornis Balcan. Wien. 1, 103.
SALVADORI 1887 — Elenco uccelli Ital. Genova. 161.
SOKUR 1940 — Proc. Zool. Inst. Kharkov Univ., ecol. 8—9 116.
STACHOWSKIJ 1941 — Biol. zbirnik Dnipropetr. Uniw. 1, 72.
STRESEMANN 1928 — J. Orn. 76, 356.
STRESEMANN 1944 — Orn. Mber. 52, 85—92.
STRESEMANN 1956 — J. Orn. 97, 56.
STRESEMANN 1957 — J. Orn. 98, 376; 381.
VALLON 1918 — Riv. Ital. Orn. 4, 17.
v. WETTSTEIN 1938 — J. Orn. 86, 17.
WITHERBY 1903 — Ibis (8)3, 520.
WOLTSCHANECKIJ 1950 — Priroda 1950/8, 70—71.

Briefliche Auskünfte erteilten KRONEISL und MATVEJEV (Jugoslawien), OUNDJIAN (Bulgarien), SCHÜZ (Persien) sowie VAURIE (Rumänien). Überprüfung der Karte durch PORTENKO (Sowjetunion).

Emberiza melanocephala Scopoli

Kappenammer

Verwandtschaft

Ein sehr naher Verwandter von *E. melanocephala* ist ihr östlicher Nachbar *E. icterica*. Diese Art ist zwar im männlichen Geschlecht ganz anders gefärbt als jene und ähnelt ihr nur im Gefieder des Weibchens, gleicht ihr aber in Stimmäußerungen, Färbung der Eier, Lebensweise und plastischen Merkmalen fast vollkommen. Man hat dieses in mancher Hinsicht von den anderen *Emberiza*-Arten abweichende Artenpaar nicht mit Unrecht in eine eigene Gattung, *Euspiza*, verwiesen. Es ist zweifellos aus gemeinsamer Wurzel hervorgegangen und während langer räumlicher Trennung unähnlich geworden. Jetzt besteht ein sekundärer Kontakt schon an zwei Stellen: Im Gebirge unweit vom Südostzipfel des Kaspi (P. 22) und am Elton-See (P. 17). Bei Punkt 22 hat sich eine sehr variable Bastardpopulation gebildet (PALUDAN 1940), bei Punkt 17 nicht, vielleicht noch nicht, denn dieses Artenpaar ist dort erst kürzlich (nachdem Schutzhecken in der Steppe angepflanzt worden waren) zusammengetroffen (WOLTSCHANECKIJ 1950).

Zur Verbreitung

Spezialkarten der Verbreitung in Serbien: MATVEJEV (1950), in Bulgarien: PATEFF (1950).

Oekologie

Bevorzugt trockenheißes Ödland, dicht oder spärlich überzogen von xerophilem Gebüsch (Phrygana, Macchie) oder locker besetzt mit niederen Bäumen. Stellenweise auch in der Getreidesteppe verbreitet. Im europäischen Teil des Verbreitungsgebietes an vielen Stellen häufig von der Küste bis 500 m, vereinzelt bis 1000 m empor. In Vorderasien bis weit auf die öden Hochflächen und Berghänge empor, sofern es dort Gebüsch gibt (Firuzkuh 2400 m, in Persien meist zwischen 5000 und 8000 Fuß: BLANFORD 1876; Ainata am Libanon 5000 Fuß: MEINERTZHAGEN 1935). Nest meist in Büschen in einiger Entfernung vom Boden.

Wanderungen

Zugvogel (s. die Zugkarte!). Wandert in großen Scharen durch einen ziemlich engen Zugtrichter, nämlich durch Persisch-Beludschistan und Mekran zum Winterquartier in Ackerbaugebiete von Kathiawar und des zentralen Vorder-Indien (Deccan), wo sie im Herbst und Frühjahr besonders an der Bajra, *Penicillaria spicata*, großen Schaden anrichten können (Stresemann 1944).

Ankunft in den vorderasiatischen und europäischen Brutgebieten nicht vor dem letzten Aprildrittel, meist erst im ersten Maidrittel, auch noch später. Abzug dort von Ende Juli ab. Nur sehr wenige bleiben in Europa bis zum letzten Drittel des August.

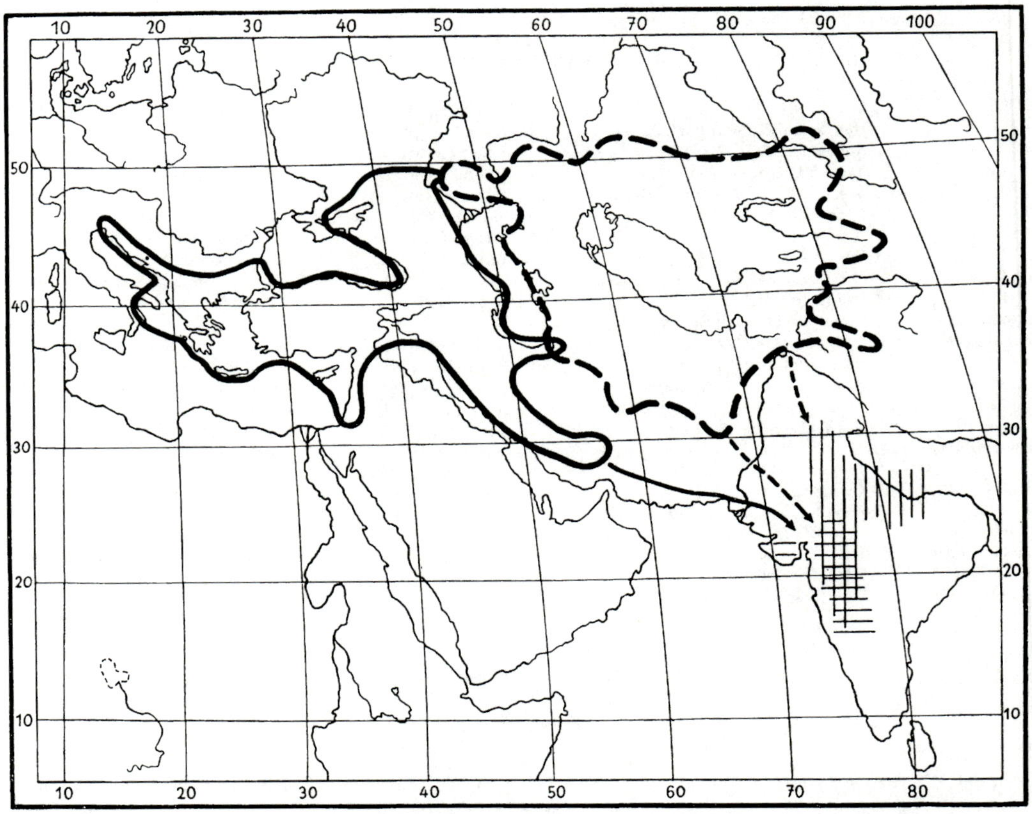

Die Areale von *Emberiza melanocephala* (ausgezogene Linie) und *E. icterica* (unterbrochene Linie). Zu beachten die Punkte des Zusammentreffens. Das Wintergebiet von *E. melanocephala* ist waagerecht, das von *icterica* senkrecht schraffiert. Die Pfeile deuten die Hauptwege des Herbstzuges an.

Emberiza icterica Eversmann

bearbeitet von

G. MAUERSBERGER

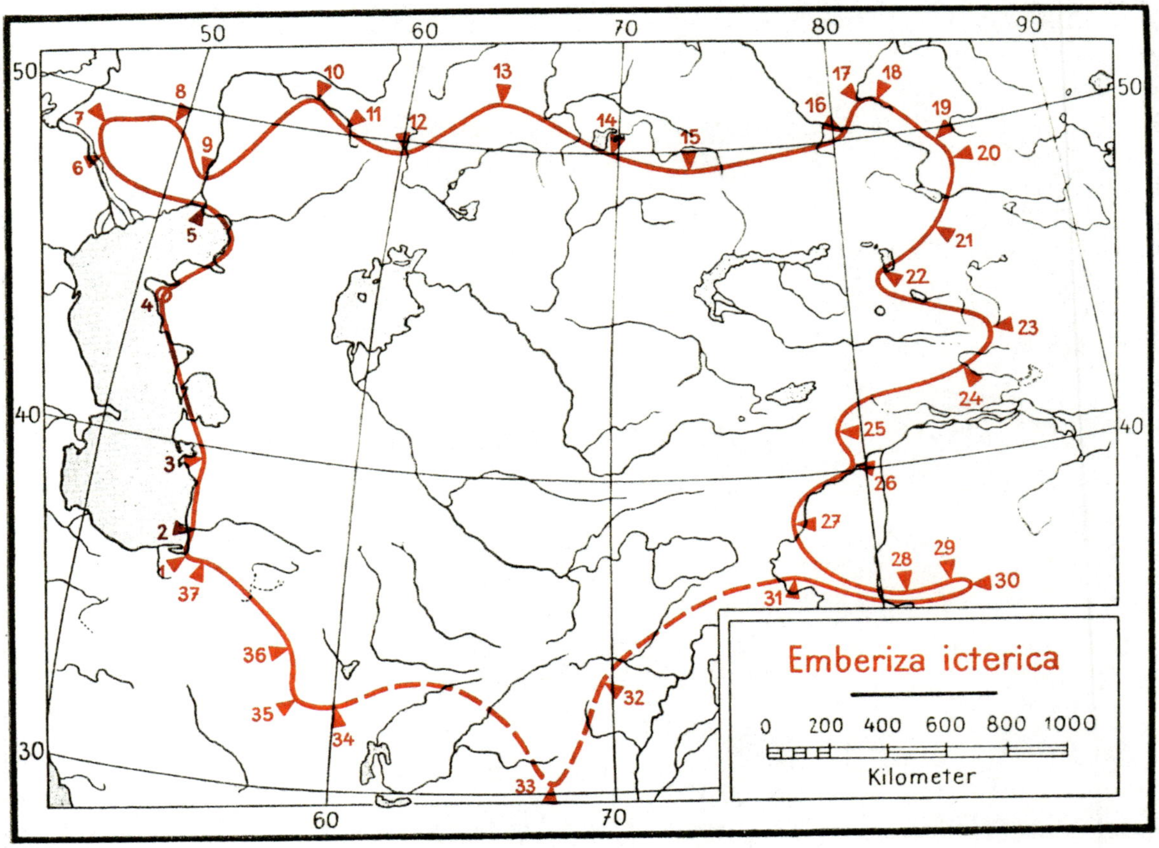

FUNDORTLISTE

1.	Bender-Gas ↓	As	Schüz brfl. 1956
2.	Unterlauf des Atrek	Ba	Samorodow 1956
3.	Großer Balchan	Aa	Bilkewitsch u. Zarudnyj 1918
o	Ostufer des Kaspi-Sees	B	Zarudnyj u. Bilkewitsch 1918
4.	Mangyschlak	Ns	Dolguschin 1948
5.	Unterlauf des Ural	Bc	Dubinin 1953
6.	S Baskuntschak-See	AJc	Maltschewskij 1946
7.	Dshanybek ↓	Na	Woltschaneckij 1950
8.	Furmanowo	Ac	Woltschaneckij 1937
9.	S Kalmykowo (9. VIII.)	As	Dubinin 1953
10.	Ak-Bulak	As	Spangenberg u. Sudilowskaja 1954
11.	Ak-Tjube (= Aktjubinsk)	Ac	Suschkin 1908
12.	Karabutak	Aa	Suschkin 1908
13.	Naurzum (51°20′ N/64°30′ E)	A	Suschkin 1908
14.	Kon-Fluß (S Tengiz-See)	As	Lawrow 1930
15.	S Karaganda	A	Dolguschin 1947
16.	Semipalatinsk	As	Selewin 1929
17.	Lokotj	As	Stegmann 1926
18.	Zmeinogorsk	B	Selewin 1935
19.	Serianowsk (= Syrjanowsk)	A	Finsch 1880
20.	Vorberge des Kurtschum-Geb.	Ac	Poljakow 1912
21.	Tarbagataj	Bc	Chachlow 1928
22.	Ebene am Alakul	B	Schnitnikow 1949
23.	Manas	A	Ludlow u. Kinnear 1933
24.	Tal des Chajdu-Gol	As	Przewalskij Tgb. (Portenko brfl. 1957)
25.	Umgeb. von Utschturfan	Aa	Sudilowskaja 1936
26.	Jarkend-Darja bei 80° E	B	Kozlow 1899
27.	Yarkand ↓	Ac	Scully 1876
28.	Kerija	A	Coll. Zool. Inst. Leningrad (Portenko brfl. 1957)
29.	Nija	Ac	Coll. Zool. Inst. Leningrad, Przewalskij Tgb. (Portenko brfl. 1957)
30.	Tal des Bostan-Tograk (84° E; Chotan-Tag = Russkij-Geb.)	As	Coll. Zool. Inst. Leningrad, Przewalskij Tgb. (Portenko brfl. 1957)
31.	Kugiar (= Kokjar) ↓	As	Sharpe 1891
32.	Hariab-Tal	Nc	Wardlaw-Ramsay 1880
33.	Ziarat (= Siaret)	Bc	Meinertzhagen 1920
34.	Tebbes (= Tabbas)	Ba	Zarudnyj 1903
35.	Birdshand	Ba	Zarudnyj 1900
36.	Badshistan	B	Zarudnyj 1900
37.	Abr ↓	Ac	Nikolskij 1886, Paludan 1940

Anmerkungen

Zu P. 1:
S. Anm. zu P. 22 bei *E. melanocephala.*

Zu P. 7:
S. Anm. zu P. 17 bei *E. melanocephala.*

Zu P. 27:
Kozlow (1899) nennt ferner (freilich nach Feststellungen im August) die den Südrand der Takla-Makan markierenden Oasen Guma, Pialma, Chotan und Tschira sowie das 250 km NE von P. 30 (bei 38° 10′ N/85° 30′ E) gelegene Tschertschen.

Zu P. 31:
Offenbar bewohnt *icterica* nur einen sehr schmalen Streifen zwischen der Wüste und dem Kuen-lun-Gebirge; Przewalskijs Tagebuch hebt ihr Fehlen in den Oasen der Vorberge ausdrücklich hervor. Scully (1876) aber erwähnt ein ♂ iuv. vom 11. VIII. aus Sanju, und auch Richmond (1896) meldet ihn von Killian aus 2000 m Höhe (9. VIII.); beide Orte liegen wie auch Kugiar am Saum der Kuen-lun-Ausläufer. — Die Grenzziehung zwischen P. 31 und P. 34 beruht nur auf Vermutungen.

Zu P. 37:
S. Anm. zu P. 22 bei *E. melanocephala.*

LITERATUR

Bilkewitsch u. Zarudnyj 1918 — Izw. Turk. Geogr. Ob. 14/1, 44.
Chachlow 1928 — Izw. Tomsk. Uniw. 81, 72.
Dolguschin 1947 — Izw. Akad. nauk Kazach. SSR, zool. 6, 81.
Dolguschin 1948 — Izw. Akad. nauk Kazach. SSR, zool. 8, 150.
Dubinin 1953 — Trudy Inst. Lesa 8, 36.
Finsch 1880 — Verh. Zool.-Bot. Ges. Wien 29/2, 217.
Grote 1934 — Orn. Mber. 42, 17—21.
Hume 1875 — Stray Feathers 3, 498.
Ivanov 1940 — Oiseaux Tadjikistan. Moscou. 160.
Kozlow 1899 — Ann. Mus. Zool. Petrograd 4, 277.
Lawrow 1930 — Izw. Zap.-Sibir. Geogr. Ob. 7, 13.
Ludlow u. Kinnear 1933 — Ibis (13)3, 670.
Maltschewskij 1946 — Priroda 1946/6, 71.
Meinertzhagen 1920 — Ibis (11)2, 141.
Nikolskij 1886 — Trav. Soc. Nat. St.- Pétersb. 17/1, 390.
Oates 1890 — Fauna Brit. India, Birds. London. 2, 262.
Paludan 1940 — Dan. Sci. Invest. Iran. Copenhagen. 2, 34.
Poljakow 1912 — Ausflug Saissan-Nor u. Marka-Kul. 92.
Richmond 1896 — Proc. US Nat. Mus. 18, 578.
Samorodow 1956 — Trudy Inst. Biol. Akad. nauk Turkm. SSR, zool. 4, 196.
Schnitnikow 1949 — Pticy Semiretschja. Moskwa-Leningrad. 390.
Scully 1876 — Stray Feathers 4, 167.
Selewin 1929 — Trudy Semipalatinsk. Muz. 2, 34.
Selewin 1935 — Bjull. Sredneaz. Uniw. 21/13, 121.
Sharpe 1891 — Sec. Yarkand Mission, Aves. London. 46.
Spangenberg u. Sudilowskaja 1954 — Pticy Sow. Sojuza. Moskwa. 5, 400.
Stegmann 1926 — Ann. Mus. Zool. Leningrad 27, 325.
Sudilowskaja 1936 — Birds Kashgaria. Moskwa. 30.
Suschkin 1908 — Mat. Fauna Flora Ross. 8, 554.
Ticehurst 1927 — J. Bombay Nat. Hist. Soc. 31, 868.
Wardlaw-Ramsay 1880 — Ibis (4)4, 66.
Whistler 1945 — J. Bombay Nat. Hist. Soc. 45, 121.
Woltschaneckij 1937 — Proc. Zool. Inst. Kharkov Univ., ecol. 4, 66.
Woltschaneckij 1950 — Priroda 1950/8, 71.
Zarudnyj 1896 — Mat. Fauna Flora Ross. 2, 241.
Zarudnyj 1900 — Mém. Acad. Sci.-Pétersb. (8)10/1, 169.
Zarudnyj 1903 — Oiseaux Perse Orient. St.-Pétersb. 241.
Zarudnyj u. Bilkewitsch 1918 — Bull. Mus. Transcasp. 1, 14.

Briefliche Auskünfte erteilten Dementjew (Turkestan) und Schüz (Persien); Überprüfung der Karte durch Portenko (Sowjetunion).

Emberiza icterica Eversmann

Synonym: *E. bruniceps* Brandt

Braunkopfammer

Verwandtschaft

Diese Art wird im Westen von der ihr nahe verwandten Art *E. melanocephala* abgelöst. Näheres unter dieser.

Zur Verbreitung

E. icterica ist in den letzten 80 Jahren durch die Kirgisensteppe rasch nach Westen vorgedrungen (Grote 1934) und hat neuerdings den Elton-See erreicht, wo sie mit *E. melanocephala* zusammengetroffen ist (Woltschaneckij 1950). Spezialkarte der Verbreitung im Semiretschje: Schnitnikow (1949).

Oekologie

In oekologischer Hinsicht gleicht *E. icterica* ihrer westlichen schwarzköpfigen Nachbarin. Sie bevorzugt trocken-heiße Flächen und Berghänge, locker bestanden mit niederem bis mannshohem Gebüsch. „Sogar im Herzen der Sandwüste Kisyl-Kum, viele Kilometer von der nächsten Zisterne entfernt, traf Sarudny im Saxaulgesträuch brütende Braunkopfammern“ (Grote 1934). Im Buschwerk der Gebirge von Transkaspien, Persien und Nord-Beludschistan ist sie bis gegen 2500 m Höhe (Zarudnyj 1896, Paludan 1940, Ticehurst 1927), in Tadshikistan sogar bis 3000 m (Ivanov 1940) gefunden worden. Gegen Osten wird ihr Areal durch die hohen Gebirge und die Wüsten Zentralasiens abgeriegelt.

Nest in Büschen in einiger Entfernung (bis 2,5 m) vom Boden.

Wanderungen

Zugvogel. Wandert in Scharen, in der Hauptmasse anscheinend durch Afghanistan und Nord-Beludschistan, also nördlich vom Zugweg der *E. melanocephala,* sowie durch Gilgit, und überwintert in Vorderindien ostwärts bis Chutia Nagpur, südwärts mitunter bis Mysore (Hume 1875, Oates 1890). Die Wintergebiete von *E. icterica* und *E. melanocephala* decken sich nur im Deccan (siehe die Zugkarte bei *E. melanocephala*). Dort streichen ihre Verbände zuweilen gemeinsam umher und richten in den Getreidefeldern großen Schaden an.

Ankunft am Brutplatz in Afghanistan Ende April (Whistler 1945), weiter nördlich meist nicht vor Mitte Mai (Grote 1934, Lutlow & Kinnear 1933), Abzug im August und Anfang September.

Anthus pratensis (L.)

bearbeitet von

G. EBER

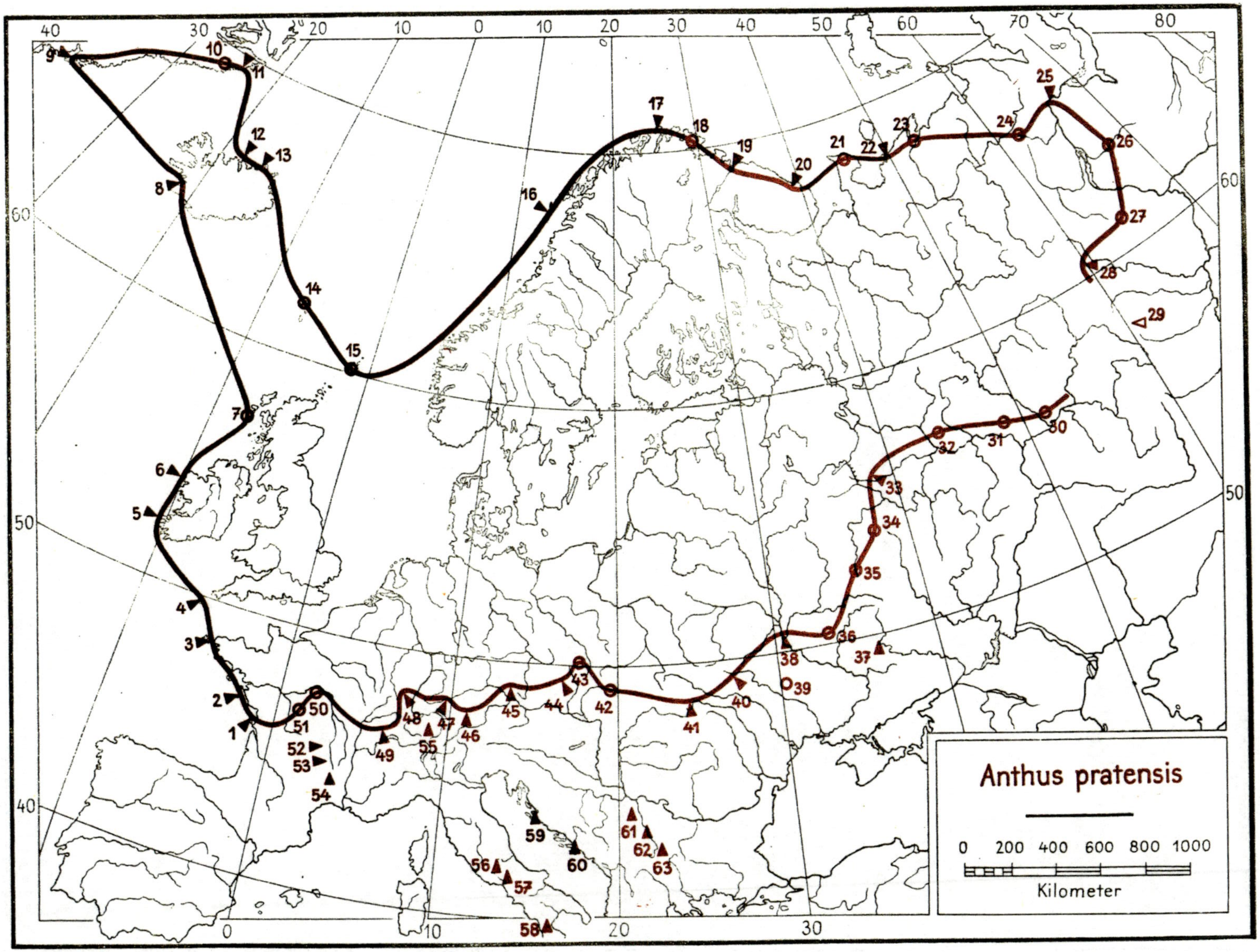
Anthus pratensis
0 200 400 600 800 1000
Kilometer

FUNDORTLISTE

1. Ile d'Oleron	B	Mayaud brfl. 1957
2. Ile de Yeu	Nc	Mayaud 1934
3. Ile Molène	B	Mayaud 1941
4. Scilly Islands	Bc	Bannerman 1953
5. Blasket Islands	Bc	Kennedy et alii 1954
6. Achill Islands	Bc	Kennedy et alii 1954
7. Hebriden	B	Bannerman 1953
8. Brautarholt	Bc	Timmermann 1938—1949
9. Angmagssalik	Ns	Salomonsen 1950
10. Blosseville coast	Js	Salomonsen 1950
11. Cape Dalton	Ns	Salomonsen 1950
12. Grímsey	Ba	Forster et alii 1951
13. Halbinsel Melrakkaslétta	Nc	Timmermann 1937
14. Faroes (= Færøer)	Nc	Salomonsen 1935
15. Shetland-Inseln	Ba	Venables 1955
16. Roest (Lofoten)	A	Schinz 1930
17. Nordkap	Ba	Løvenskiold 1947
18. Varanger-Halbinsel	Nc	Williams 1941
19. Kola-Bucht	Nc	Spasskij 1925
20. Jokanga-Fluß	Ac	Nikolskij 1885
21. Kanin	Ba	Dementjew 1935
22. Weltj (Timan-Tundra)	As	Gladkow 1941
23. Petschora-Niederung	Ns	Seebohm u. Harvie Brown 1876
24. Oberlauf der Synja	A	Portenko 1937
25. Obdorsk (= Salechard)	AJc	Derjugin 1898
26. Kasym-Fluß	Js	Johansen 1944
27. Kondo-Sosjwa-Naturschutzg.	A	Gladkow 1954
28. Deneshkin kamenj	A	Portenko brfl. 1957
— Oberlauf der Sosjwa	Bs	Sabanejew 1874
29. Jekaterinburg (= Swerdlowsk) ↓	Aa?	Sabanejew 1874
30. NE Mamadysch	J	Ruzskij 1893
31. Marijsche ASSR	Na	Perschakow 1937
32. Kreis Semenow	B	Serebrowskij 1918
33. Bogorodsk (= Noginsk)	Bc	Poljakow 1924
34. Gouv. Tula	Ba	Suschkin 1892
35. Quellgebiet der Oka	Js	Jefimow 1907
36. NW Bezirk Poltawa	Bs	Gawrilenko 1929
37. Udy-Fluß (Kreis Zmijew)	Bs	Somow 1897
— Worskla-Fluß (Kr. Achtyrka)	Nsa	Somow 1897
38. Kiew	Bs	Scharleman 1909
39. Kreis Uman	Ns	Goebel 1879
40. Derashnja	Bc	Burtschak-Abramowitsch 1935
41. Czarnohora ↓	Ns	Dunajewski 1935
42. Nízké Tatry	Ns	Matoušek 1951
o Mala Fatra	Ns	Jirsík 1955
43. Hoher Jesenik	B	Balát brfl. 1956
44. Tišnov a. d. Svratka	B	Nečas 1940
o Javořice	As	Černý u. Wahl 1942
o Stuben (VIII)	Aa	le Roi 1912
45. Lusen	Aa	Lankes 1928
o Wiechs (Bad Aibling)	As	Müller 1922
46. Eschenlohe	Na	Wüst brfl. 1956
o Älpele b. Sonthofen	As	Warnke-Selb 1950
47. Federseegebiet	Ns	Zink brfl. 1956
o Hinterzarten	Js	Schnetter brfl. 1955
48. Hohneck	N	Laurent u. Mouillard 1939
o Chasseral	As	Géroudet 1956
o Crête (Haute-Broye)	AJs	Géroudet 1956
49. Lac des Rousses	As	Géroudet 1956
50. Sologne	B	Mayaud brfl. 1957
51. La Brenne	B ·	Mayaud brfl. 1957
52. Mt. Dore	As	Heim de Balsac, Jouard 1935
53. Les Laubies	A	Berthet 1947
— Margeride	A	Meylan 1933
54. L'Hôpital (Lozère)	A	Meylan 1933
55. Einsiedeln	As	Géroudet 1956
— Marais d'Uznach	Ns	Géroudet 1956
56. Lago della Duchessa (VIII)	As	Rossi 1947
57. Monte Marsicano	As	Stresemann 1957a
— Il Pantano	As	Stresemann 1957a
58. Serra Ciavole (Monte Pollino)	As	Stresemann 1957b
59. Nin (= Nona)	Ns	Maštrović 1942
— Bokanjac-See b. Nin	Ns	Maštrović 1942
60. Hutovo Blato b. Metković (29. VII.)	A	Kovačević u. Danon 1951
61. Mladenovac	B	Gengler 1920
62. Aleksinac ↓	B	Gengler 1920
63. Vlasina-Fluß (7. VIII.)	A	Matvejev 1950

Anmerkungen

Zu P. 29:

In neuerer Zeit wurde der Wiesenpieper hier nie wieder brütend gefunden, wie er auch zwischen den Punkten 28 und 30, in den Flußgebieten der Petschora, Kama und Belaja sowie im waldigen Gebiet zwischen nördl. Dwina und Wjatka und dem Mittelural trotz eifriger Suche (Suschkin 1897, Plesskij 1927, Uschkow 1928, Dmochowskij 1933 und Woroncow 1949) nicht nachgewiesen werden konnte. Darum wurde auf eine Grenzziehung verzichtet; die Karte deutet nur an, welcher Verlauf erwartet werden könnte.

Zu P. 41:

Wahrscheinlich brütet *pratensis* auch an geeigneten Stellen der Karpatenkette südöstlich davon. Dieses Gebiet ist faunistisch unbekannt.

Zu P. 62:

Funde südlich davon (Nisch, Leskovac, sogar Vranja) betreffen vielleicht Durchzügler; Matvejev (1950) traf die Art in Serbien im Frühjahr nach Mitte April nie mehr an. Vgl. P. 60 und 63.

LITERATUR

Bannerman 1953 — Birds Brit. Isles. London. 1, 70.
Berthet 1947 — Alauda 15, 118.
Burtschak-Abramowitsch 1935 — Trav. Mus. Zool. Kiev 14, 137.
Černý u. Wahl 1942 — Sylvia 7, 20.
Dementjew 1935 — Arch. Mus. Zool. Univ. Moscou 2, 28.
Derjugin 1898 — Trav. Soc. Nat. St.-Pétersb. 29/2, 88.
Dmochowskij 1933 — Bull. Soc. Nat. Moscou (n. s.) 42, 237.
Dunajewski 1935 — Rozpr. Spraw. Inst. B. L. P. Warszawa 8, 4.
Forster et alii 1951 — Ibis 93, 56.
Gawrilenko 1929 — Birds Governm. Poltava. Poltava. 86.
Gengler 1920 — Balkanvögel. Altenburg-Leipzig. 89.
Géroudet 1956 — Nos Oiseaux 23, 226—229 (mit Karte).
Gladkow 1941 — J. Orn. 89, 139.
Gladkow 1954 — Pticy Sow. Sojuza. Moskwa. 5, 674
Goebel 1879 — Beitr. Kenntn. Russ. Reiches 2/2, 135.
Heim de Balsac; Jouard 1935 — Alauda 7, 439.
Jefimow 1907 — Izw. Ob. prirody Orl. gub. 1, 25.
Jirsík 1955 — Naši Pěvci. Praha. 1, 316.
Johansen 1944 — J. Orn. 92, 153.
Kennedy et alii 1954 — Birds Ireland. London. 375.
Kovačević u. Danon 1951 — Larus 4—5, 206.
Lankes 1928 — Verh. Orn. Ges. Bayern 18, 169.
Laurent u. Mouillard 1939 — Alauda 11, 155.
Løvenskiold 1947 — Handb. Norges Fugler. Oslo. 132.
Maštrović 1942 — Vögel Küstenl. Kroat. Zagreb. 131.

MATOUŠEK 1951 Sylvia 13, 95.
MATVEJEV 1950 Ornithogeogr. Serbica. Beograd. 167.
MAYAUD 1934 Alauda 6, 545.
MAYAUD 1941 L'Oiseau 11, Suppl. 93.
MEYLAN 1933 Arch. suisses Orn. 1, 105.
MOORE u. BOSWELL 1957 Iraq Nat. Hist. Mus. Publ. 12, 218.
MÜLLER 1922 Verh. Orn. Ges. Bayern 15, 84.
NEČAS 1940 Sylvia 5, 8.
NIETHAMMER u. LAENEN 1954 Alauda 22, 26.
NIKOLSKIJ 1885 Trav. Soc. Nat. St.-Pétersb. 16/1, 82.
PERSCHAKOW 1937 Arch. Mus. Zool. Univ. Moscou 4, 62.
PLESSKIJ 1927 Trudy Wjatsk. Muz. 1, 88.
POLJAKOW 1924 Fauna Bogor. ujezda Mosk. gub. Moskwa. 1, 21.
PORTENKO 1937 Bird Fauna North Urals. Moskwa-Leningr. 110.
LE ROI 1912 Orn. Jb. 23, 43.
ROSSI 1947 Riv. Ital. Orn. 17, 107.
RUZSKIJ 1893 Trudy Ob. Jest. Kazan. Uniw. 25, 249.
SABANEJEW 1874 Pozwon. Sredn. Urala. Moskwa. 69.
SALOMONSEN 1935 Zoology Faroes. Copenhagen. LXIV, 134.
SALOMONSEN 1950 Grønlands Fugle. København. 496.
SCHARLEMAN 1909 Mitth. Ges. Naturf. Kiew. 21, 20.
SCHINZ 1930 Orn. Beob. 27, 8.
SEEBOHM u. HARVIE BROWN 1876 Ibis (3)6, 121.
SEREBROWSKIJ 1918 Mat. Fauna Flora Ross. 15, 113.
SOMOW 1897 Faune orn. gouv. Kharkov. Charkow. 116.
SPASSKIJ 1925 Trav. Stat. Biol. Murman Soc. Nat. Leningr. 1, 60.
STRESEMANN 1957a J. Orn. 98, 12.
STRESEMANN 1957b J. Orn. 98, 382.
SUSCHKIN 1892 Mat. Fauna Flora Ross. 1, 70.
SUSCHKIN 1897 Mat. Fauna Flora Ross. 4, 223.
TIMMERMANN 1937 Dansk orn. Foren. Tidsskr. 31, 130; 134.
TIMMERMANN 1938—1949 Vögel Islands. Reykjavik. 159.
USCHKOW 1928 Bull. Soc. Nat. Moscou 36, 99.
VENABLES 1955 Birds Mammals Shetland. London. 135.
VERHEYEN u. LE GRELLE 1950 Gerfaut 40, 124—130.
WARNKE-SELB 1950 Heimatk. Landkr. Sonthofen 5, 4.
WILLIAMS 1941 Ibis 83, 249.
WORONCOW 1949 Pticy Kamsk. Priuralja. Gorjki. 76.

Briefliche Auskünfte erteilten BALÁT, HANZÁK, VESELOVSKÝ (ČSR), KRONEISL (Jugoslawien), WÜST (Bayern), SCHNETTER, ZINK (Baden), SCHÜZ (Wanderungen); Überprüfung der Karte durch MAYAUD (Frankreich), JOHANSEN und PORTENKO (Sowjetunion).

Anthus pratensis (L.)

Wiesenpieper

Verwandtschaft

Anthus pratensis und *A. rufogularis* sind ein Artenpaar, das sich wahrscheinlich während des letzten Glazials in zwei verschiedene Refugialgebiete zurückgezogen hatte. Nach der letzten Vereisung drang *A. pratensis* von Westen her „nur mit einer kleinen Spitze über den Ural vor, während *A. rufogularis*, aus Nordost-Sibirien kommend, längs der Tundra Skandinavien erreichte" (JOHANSEN 1944). Ihre oekologischen Ansprüche stimmen nicht ganz überein, aber dort, wo sie im gleichen Raum beisammen brüten, nämlich in der Tundra des nördlichsten Europa, tritt das nicht deutlich in Erscheinung.

Zur Verbreitung

Nach Grönland ist der Wiesenpieper, wohl von Island aus, erst in jüngster Zeit vorgedrungen (SALOMONSEN 1950). In der Sowjetunion folgt die Nordgrenze seiner Verbreitung wohl weitgehend der der Waldtundra (JOHANSEN 1944). Die Verteilung auf geeignet erscheinende Plätze ist sehr ungleichmäßig (vgl. Anm. zu P. 29). — Spezialkarte der Verbreitung in der Schweiz bei GÉROUDET (1956).

Oekologie

Von *A. pratensis* bevorzugte Biotope bilden im hohen Norden Europas die Moostundra, im Nord-Ural nach PORTENKO (1937) auch die steinige Tundra und der obere Teil der subalpinen Zone. Weiter südlich wählt der Wiesenpieper zum Nisten solche Stellen des offenen Geländes, die während der ganzen Brutperiode einen feuchten Boden mit kurzem Bewuchs haben. In Mitteleuropa bietet ihm vor allem das Vorland der Meeresküste und das Bergland viele dauernd feuchte Flächen (nasse kurzgrasige Wiesen, Moore). Nahe seiner Südgrenze aber findet er solche fast allein in der Hochregion der Gebirge. Wo dort Moore spärlich vorkommen, löst sich sein Areal in kleine Inseln auf, deren gegenseitiger Abstand in Frankreich, Italien und Dalmatien sehr groß sein kann. In den Karpaten liegen die wenigen bekannten Brutstellen zwischen 1100 und 1600 m, in den Vogesen zwischen 1200 und 1300 m, in den Cevennen zwischen 1300 und 1400 m, im Massif Central und in Italien zwischen 1500—2000 m Höhe. Manche davon bieten nur einem oder wenigen Paaren Raum.

Nest am Boden im Schutz der Vegetation.

Wanderungen

Zugvogel 2. Grades. Wandert in Gruppen. In milden Wintern sind nur die nördlichen, nicht aber die südlichen Teile des Brut-Areals vollständig von Wiesenpiepern entblößt. Die Mehrzahl wandert zwar über dessen Südgrenze hinaus, macht aber spätestens in den um das Mittelmeer, Schwarze Meer und den Kaspi gelegenen Ländern Halt und verweilt dort in den Niederungen, besonders an Seen und Flüssen. Nicht wenige gelangen bis an die afrikanische Mittelmeerküste. Einige dringen von dort durch die algerische Sahara bis zum Hoggar-Massiv vor, wo sie NIETHAMMER und LAENEN (1954) im Dezember 2000 m hoch antrafen, und durch die Libysche Wüste bis in die Oasen Giarubub und Gialo. — Die Wanderungen sind im wesentlichen nach Süden gerichtet. Die westlichsten Populationen gelangen vorwiegend nach der Iberischen Halbinsel (und Marokko), die östlichsten in das westliche Vorland des Altai, die Kirgisensteppe und an die südlichen Gestade des Kaspi, manche sogar darüber hinaus bis ins mittlere Mesopotamien (MOORE & BOSWELL 1957). — Ringfunde, bis 1949 zusammengestellt von VERHEYEN und LE GRELLE (1950): Viele Ringträger westlicher Populationen (beringt in Island, England, Dänemark, Schweden, Holland, Belgien) wurden in Spanien und Portugal (ein englischer in West-Marokko), nur ein belgischer Durchzügler bei Genua erbeutet.

Ankunft am Brutplatz in Mitteleuropa März/April, im nördlichen Skandinavien im Mai. Abzug dort von September an.

Anthus rufogularis Brehm

bearbeitet von

G. EBER und J. SZIJJ

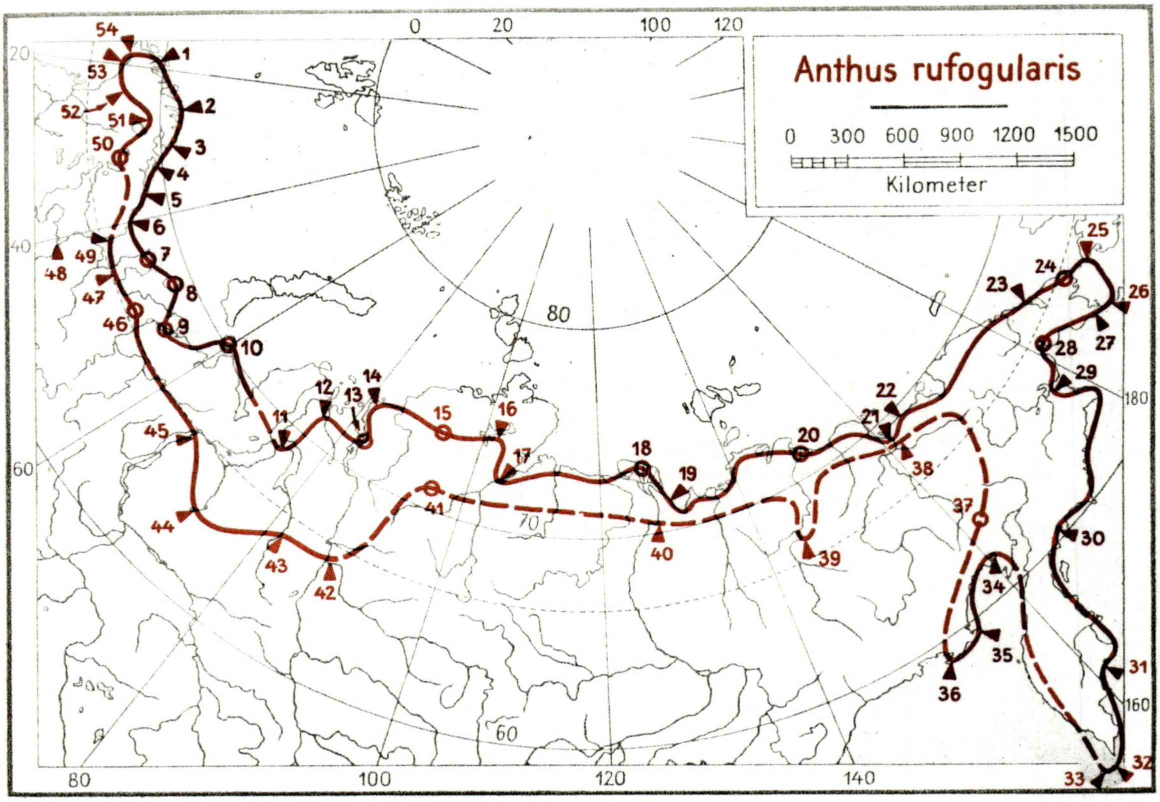

FUNDORTLISTE

1.	Tromsö	Ba	Collett 1880
2.	Nordkap (Magerö)	A	Collett 1872
3.	Vardö	Ba	Løvenskiold 1947
4.	Zip-Nawolok	Nc	Goebel 1902
5.	Insel Charlow	As	Spangenberg 1941
6.	Swjatoj Nos	Ac	Pleske 1887
7.	N Kanin	A	Dementjew 1935
8.	Kolgujew	Ns	Pearson 1896
9.	Petschora-Delta	Nc	Seebohm u. Harvie Brown 1876
10.	Insel Wajgatsch ↓	Aa	Heuglin 1872
11.	Kap Kruglyj (Ob-Bucht) ↓	Bc	Schostak 1921
12.	Unterlauf des Juribej (Gydan)	Nc	Naumow 1931
13.	Mündung des Jenissej (72½°N)	B	Tugarinow u. Buturlin 1911
14.	Omulowaja-Bucht (73° 34′ N)	A	Gladkow 1954
15.	Taimyr-Fluß ↓	As	Middendorf 1853
16.	Jamu-tarida-Fluß (S Taimyr-See)	Ns	Tugarinow u. Tolmatschew 1934
17.	Nishnaja-Mündung (Chatanga)	Js	Scalon 1939
18.	Lena-Mündung	Ns	Pleske 1928
19.	Charaulach-Mündung ↓	Ns	Pleske 1928
20.	Indigirka-Delta	Nc	Michel 1935
21.	Kolyma-Delta	Ns	Schaanning 1954
22.	Kap Bolschoj Baranow	As	Thayer u. Bangs 1914
23.	Insel Koljutschin	As	Koren 1910
24.	S Intshoun	A	Portenko brfl. 1957
25.	Wales	Ns	Bailey 1932
26.	Gambell (St. Lawrence-Insel)	As	Friedmann 1937
27.	Kap Stoletija	Na	Portenko brfl. 1957
28.	Kreuz-Bucht	Bc	Belopolski 1933
29.	Anadyr (Siedlung)	Asa	Portenko 1939
30.	Tilitschiki (Korf-Bai)	Ns	Portenko 1957 u. brfl. 1957
31.	Haff von Kronoki	Ns	Awerin 1948
32.	Insel Schumschu	Bc	podkowyrkin 1955, Portenko brfl. 1957
33.	Insel Paramuschir ↓	Ns	Yamashina 1929, 1931
34.	Gishiga	Nc	Allen 1905
35.	Halbinsel Pjagina	B	Wasjkowskij 1956
36.	Halbinsel Koni	B	Wasjkowskij 1956
37.	Korjäken-Land	B	Dementjew 1940
38.	Nishnekolymsk	Ns	Schaanning 1954
39.	Major-Krest (Indigirka)	Ac	Michel 1935
40.	Bulun	Nc	Portenko brfl. 1957
41.	Boganida (bei 71° N)	Aa	Middendorf 1853
42.	Turuchansk	B	Tugarinow u. Buturlin 1911
43.	Cerkowensk (65½° N am Taz)	Ns	Scalon u. Sludsky 1936
44.	See Num-to (Nadym-Quellg.)	AJs	Johansen 1944
45.	Kunshol-Jurten (66° N am Ob)	Js	Derjugin 1898
o	Grenze des geschlossenen Nadelwaldes a. d. Petschora	As	Dmochowskij 1933
46.	Timan-Tundra	Nc	Gladkow 1941
47.	Nesj-Fluß (S Kanin)	As	Dementjew 1935
48.	Archangelsk	Ns	Parowschtschikow 1941

49. Tri Ostrowa (S Kap Orlow) Ns NIKOLSKIJ 1885
50. Tschuni-Tundra (W Imandra) As PLESKE 1887
51. Seusjärvi (Enare-Lappland) A MALM 1845
52. Kerässieppi (NWPallastunturi) As PALMÉN u. SAHLBERG 1868
53. Vallasjaure (S Rautasjärvi) Nsa WAHLSTEDT 1957
54. Vassijaure (W Torneträsk) Asa GYLDENSTOLPE 1911

Anmerkungen

Zu P. 10:

PLESKE (1928) gibt auch die Südinsel von Nowaja Zemla an. Da sonst keine Funde vorliegen, vermutet PORTENKO (brfl.) Irrgastvorkommen.

Zu P. 11:

Exakte Daten für den Verlauf der Nordgrenze auf der Jamal-Halbinsel existieren nicht. Von der Schokalskij-Insel (NE von Jamal) ist ein am 4. VIII. 1928 erlegtes Stück bekannt geworden (SCHUCHOW 1929).

Zu P. 15:

Wie weit nördlich *rufogularis* auf der Taimyr-Halbinsel vorkommt, ist unbekannt. BIRULA (1907) und WALTER (1902) trafen ihn an der NW-Küste nur zwei- bzw. einmal zur Brutzeit an, PORTENKO (brfl.) vermißte ihn im Sommer 1949.

Zu P. 19:

Nach der Fertigstellung der Karte wurde bekannt (RUTILEWSKIJ 1958), daß einzelne Paare 1939 den Sommer über auf der Großen Lachowskij-Insel bemerkt wurden.

Zu P. 33:

GIZENKO (1955) nennt außer den Kurilen auch den Nordteil Sachalins als Brutgebiet; wahrscheinlich sah er sehr spät (Anfang Juni) durchziehende als Brutvögel an.

LITERATUR

ALLEN 1905 Bull. Amer. Mus. Nat. Hist. 21/13, 254.
AWERIN 1948 Trudy Kronock. Zapow. 1, 66.
BAILEY 1932 Condor 34, 47.
BANNERMAN 1953 Birds. Brit. Isles. London. 2, 79—84.
BELOPOLSKI 1933 J. Orn. 81, 431.
BIRD 1937 Ibis (14) 1, 723.
BIRULA 1907 Mém. Acad. Sci. St.-Pétersb. (8)18/2, 138.
COLLETT 1872 Forh. Vid.-Selsk. Christiania, 203.
COLLETT 1880 Nyt Mag. Naturv. 26, 307.
DEMENTJEW 1935 Arch. Mus. Zool. Univ. Moscou. 2, 28.
DEMENTJEW 1940 Mat. Fauna Flora SSSR 2(17), 7.
DERJUGIN 1898 Trav. Soc. Nat. St.-Pétersb. 29/2, 88.
DMOCHOWSKIJ 1933 Bull. Soc. Nat. Moscou 42/2, 237.
FRIEDMANN 1937 Condor 39, 91.
GIZENKO 1955 Pticy Sachalinsk. Obl. Moskwa. 258.
GLADKOW 1941 J. Orn. 89, 138.
GLADKOW 1954 Pticy Sow. Sojuza. Moskwa. 5, 682.
GOEBEL 1902 Orn. Jb. 13, 113—119.
GYLDENSTOLPE 1911 Fauna och Flora 6, 156.
HEUGLIN 1872 J. Orn. 20, 115.
JOHANSEN 1944 J. Orn. 92, 154.
KOREN 1910 Warbler 6, 10.
LØVENSKIOLD 1947 Handb. Norges Fugler. Oslo. 135.
MALM 1845 Hornschuchs Arch. Skand. Beitr. 1, 286.
MEINERTZHAGEN 1937 Ibis (14)1, 746.
MICHEL 1935 Trans. Arct. Inst. 31, 82.
MIDDENDORFF 1853 Sibir. Reise. St.-Pétersb. 2/2, 165.
NAUMOW 1931 Trudy Polarn. Kom. 4, 50.
NIKOLSKIJ 1885 Trav. Soc. Nat. St.-Pétersb. 16/1, 352.
PALMÉN u. SAHLBERG 1868 Sällsk. Flora Fauna fenn. Förh. 9, 241.
PAROWSCHTSCHIKOW 1941 Priroda i Soc. Choz. 8/2, 361.
PEARSON 1896 Ibis (7)2, 214.
PLESKE 1887 Krit. obzor mlek. i ptic Kolsk. poluostr. 210.
PLESKE 1928 Birds Euras. Tundra. Boston. 154.
PODKOWYRKIN 1955 Zool. J. 34, 1384.
PORTENKO 1939 Birds Anadyr Region. Leningrad. 1, 83.
PORTENKO 1957 J. Orn. 98, 459.
RUTILEWSKIJ 1958 Probl. Arkt. 4, 89.
SCALON 1939 Gerfaut 29, 39.
SCALON u. SLUDSKY 1936 Gerfaut 26, 43.
SCHAANNING 1954 Nytt mag. zool. 2, 97.
SCHOSTAK 1921 Anz. Tomsk. Orn. Ver. 1, 92.
SCHUCHOW 1929 Izw. Zap.-Sibir. Geogr. Ob. 6, 58.
SEEBOHM u. HARVIE BROWN 1876 Ibis (3)6, 122.
SPANGENBERG 1941 Trudy Zapow. „Semj ostrowow" 1, 82.
SUSCHKIN 1938 Birds Soviet Altai. Moskwa-Leningr. 2, 111.
THAYER u. BANGS 1914 Proc. New England Zool. Cl. 5, 43.
TICEHURST 1923 Ibis (11)5, 10.
TUGARINOW u. BUTURLIN 1911 Mat.Vögel Jenisseisch. Gouv.Krasnojarsk.65
TUGARINOW u. TOLMATSCHEW 1934 Trudy Polarn. Kom. 16, 44.
WAHLSTEDT 1957 Fauna och Flora 52, 27.
WALTER 1902 Ann. Mus. Zool. Pétrograd 7, 160.
WASJKOWSKIJ 1956 Zool. J. 35, 1058.
YAMASHINA 1929 Tori 6/27, 70.
YAMASHINA 1931 J. Orn. 79, 504.

Überprüfung der Karte durch JOHANSEN und PORTENKO (Sowjetunion).

Anthus rufogularis Brehm

(*A. cervina* Pallas)

Rotkehlpieper

Verwandtschaft

Nahe verwandt mit *A. pratensis*. Siehe dort.

Zur Verbreitung

Der angenommene (hypothetische) Verlauf namentlich der Südgrenze ist wegen der geringen Siedlungsdichte des Piepers in den Weiten des nur stückweise erforschten Landes lediglich für kurze Strecken hinreichend belegbar.

Oekologie

Das Verbreitungsgebiet beweist die enge Bindung von *A. rufogularis* an die Tundra. Nach JOHANSEN (1944) scheint er die Strauch-Tundra zu bevorzugen, die arktische, strauchlose Tundra wie die unmittelbare Nähe der arktischen Meere dagegen zu meiden und in deren Gebiet nur an den besser bewachsenen Flußtälern und Flußmündungen vorzukommen, während sein Areal nach Süden mit den großen tundraartigen Moorflächen ins Waldgebiet eingreift.

Nest am Boden.

Wanderungen

(Im Westteil monographisch bearbeitet von BANNERMAN 1953). Zugvogel. Wandert gesellig aus dem langen schmalen Streifen seines Brutgebietes in südöstlicher bzw. südlicher bzw. südwestlicher Richtung zum Wintergebiet. Dieses liegt nicht weit vom nördlichen Wendekreis und wird dort durch das Vorkommen bewässerter warmer Niederungen bestimmt. Die westlichsten (lappländischen) Populationen begeben sich vorwiegend über Italien — Libysche Wüste — Darfur zu den wasserreichen Niederungen des südlichen anglo-ägyptischen Sudan (Provinz Bahr el Ghasal usw.), wo sie mit den nordrussisch-sibirischen Artgenossen zusammentreffen (Ringfund: ein in Ottenby am 5. 10. 1958 markierter nach 5 Wochen bei Messina; Vår Fågelv. 1959, p. 276). Ein kleiner Teil weicht nach Westen ab und gelangt über Tunesien an den Tschad-See oder gar bis an die Küste von Oberguinea; ja selbst in Marokko und an der Küste von Rio de Oro ist ein schwacher Durchzug bemerkt worden (BIRD 1937).

Nordost-Afrika bildet das Winterquartier von großen Massen nordrussisch-sibirischer Rotkehlpieper, die im Herbst Irak und Nordarabien durchwandern. Manche verbringen den Winter in Unterägypten, die Mehrzahl aber zieht weiter nach Süden in die Sumpfgebiete des Sudan. Auch im bewässerten Kulturland der Hochebenen von Abessinien sowie in den feuchten Niederungen von Kenya beenden sehr viele ihre Wanderung. MEINERTZHAGEN (1937) fand eine ziemliche Anzahl am Mt. Kenya in 13000 Fuß Höhe, wo sie sich auf tundraähnlichen Mooren aufhielten.

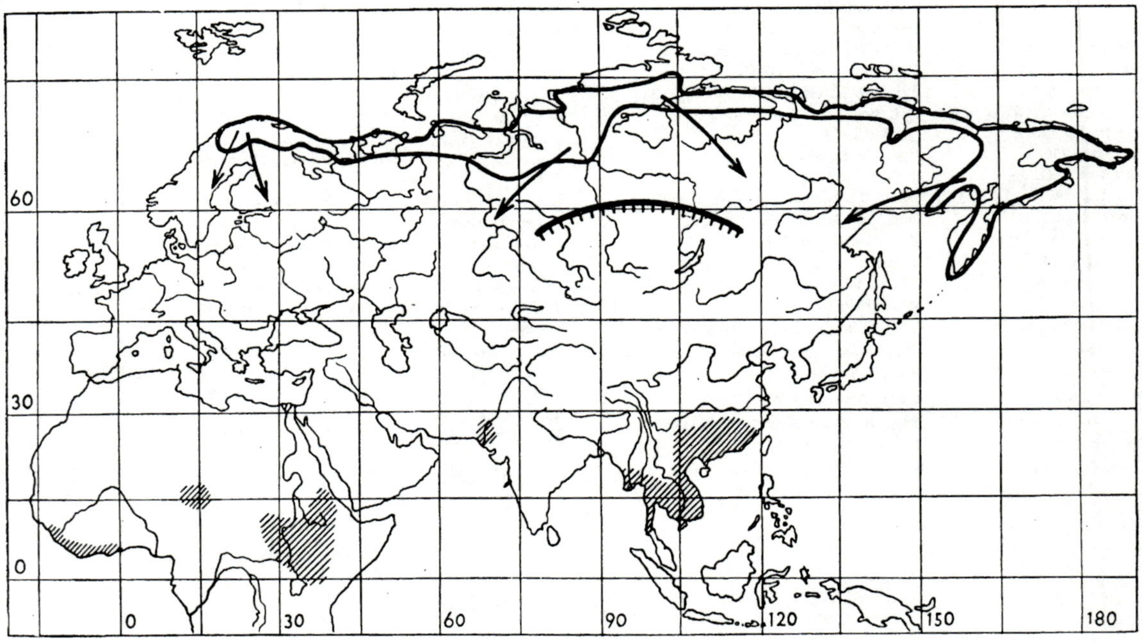

Überwinterungsgebiete (schraffiert) und (vermutliche) Hauptrichtungen des Zuges von *Anthus rufogularis*. Der nach unten offene Bogen in Westsibirien bezeichnet die beidseits umgangene Zugschranke.

Dagegen wandern die Populationen Ostsibiriens nach Südwesten in die südöstlichsten Provinzen von China und zu einem erheblichen Teil sogar weiter bis in die Reisbaugebiete von Indochina, Siam, Lower Burma und Tenasserim; einige verfliegen sich bis zu den Andamanen und Nicobaren. Als seltenen Irrgast hat man diese Art von den Philippinen, Borneo und Nord-Celebes nachgewiesen.

Die Hochgebirge und Wüsten Zentralasiens (Turkestan, Tibet, die westliche Mongolei und die Wüste Gobi) bilden eine Schranke, die von *A. rufogularis* nicht überflogen, sondern westlich und östlich umgangen wird, und zwar in der Weise, daß die Brutvögel des mittleren Sibirien teils nach Südwesten, teils nach Südosten, aber nicht nach Süden ziehen und aus der Tundra zwischen Ob und Lena einerseits (über Arabien) nach Nordost-Afrika, anderseits (über die Mandschurei) nach Südost-China gelangen, wo sie mit den ostsibirischen Populationen zusammentreffen. Nur kleine Trupps weichen von der afrikanischen Zugstrecke ab und geraten nach Sind (Ticehurst 1923); in anderen Provinzen Indiens ist der Rotkehlpieper ein seltener Irrgast. — Die Existenz der zentralasiatischen Zugscheide hat schon Suschkin (1938) hervorgehoben, indem er schrieb: „Meidet auf dem Zuge den südlichen Streifen Sibiriens von Dauurien ab nach Westen bis Tomsk und den Westrand des Altai fast vollständig. Es gibt auch keine Funde aus Zentralasien. Dieses Gebiet teilt die Zugwege in zwei Gruppen. Ein starker Zug verläuft längs dem Ural, ein weniger starker vom Oberlauf des Tobol zur Emba. Die andere Gruppe zieht östlich des Baikal." — Man ist genötigt anzunehmen, daß die beiden Gruppen sibirischer Rotkehlpieper sich genetisch insofern unterscheiden, als der einen von ihnen der südwestliche, der anderen der südöstliche Zugwinkel „angeboren" ist. Portenko (1939) ist der Ansicht, daß diese Verschiedenheit sich auch morphologisch, und zwar im Farbton des Gefieders und in der durchschnittlichen Flügellänge ausdrückt. Er nennt die Ostgruppe *A. rufogularis cervina* (Pallas).

Wenn unsere Vorstellung von der Ausbreitungsgeschichte zutrifft, dann hat als ursprüngliches Wintergebiet des Rotkehlpiepers Südostasien zu gelten. Das nordost-afrikanische kann dann von ihm erst entdeckt worden sein, nachdem er sich weit nach Westen ausgebreitet hatte.

Als Zeit der Ankunft am Brutplatz wird angegeben: An der Petschora von der 2. Hälfte des Mai ab, in Westsibirien in der 1. Hälfte des Juni, in Anadyr von Ende Mai ab. — Abzug aus dem gesamten Brutgebiet von Mitte August bis Mitte September.

Certhia brachydactyla Brehm

bearbeitet von

G. MAUERSBERGER

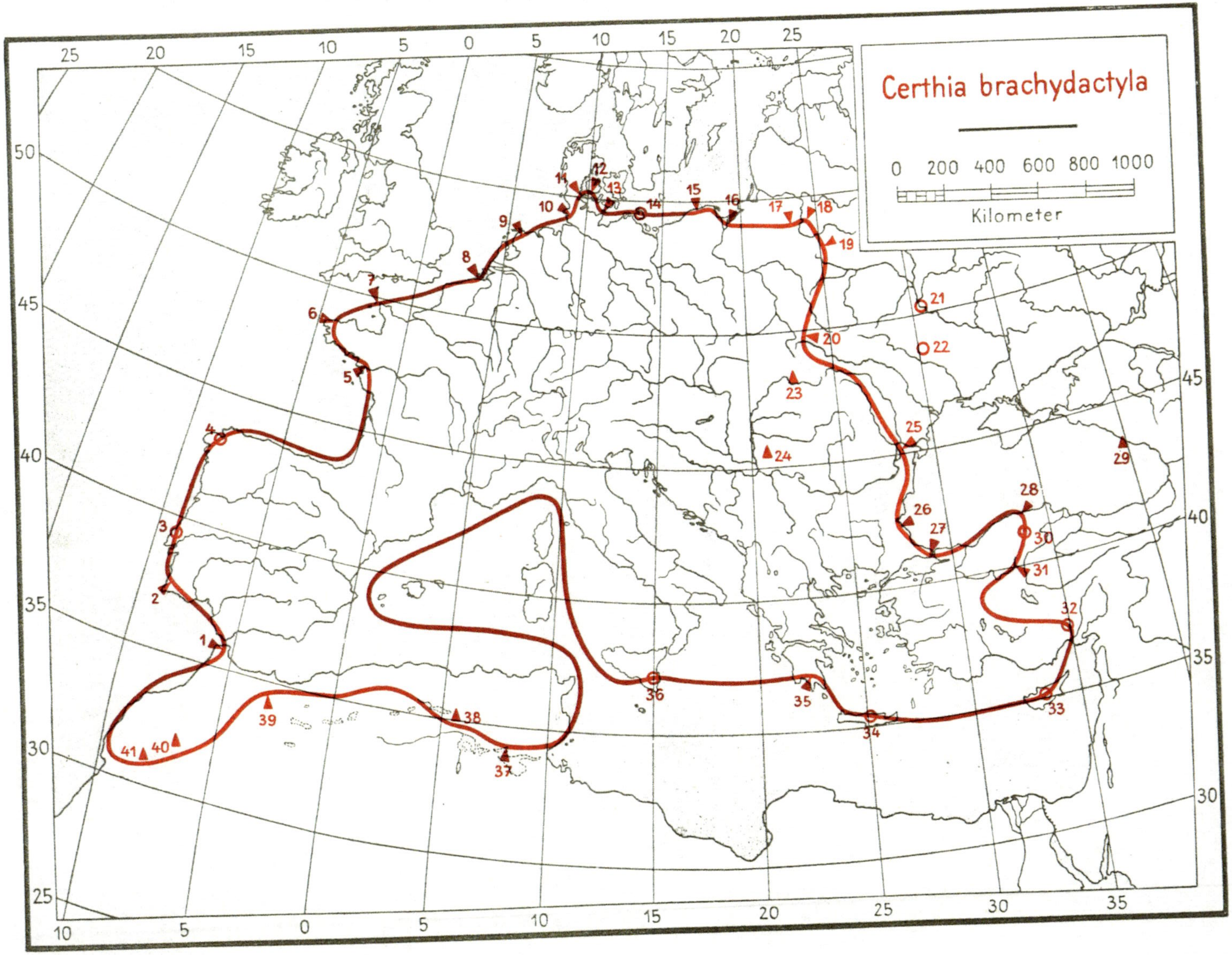
Certhia brachydactyla
0 200 400 600 800 1000
Kilometer
1
2
3
4
5
6
7
8
9
10
11
12
13
14
15
16
17
18
19
20
21
22
23
24
25
26
27
28
29
30
31
32
33
34
35
36
37
38
39
40
41

FUNDORTLISTE

1.	Djebel Buhasem	Ac	Lynes 1924
2.	Monchique	As	v. Jordans u. Steinbacher 1941
3.	Portugal	Bc	Tait 1924
4.	Galicien	Aa	Ticehurst u. Whistler 1928
5.	Pays du Retz	Ac	Douaud 1949
6.	Lambézellec	Aa	Jouard 1929
7.	Aurigny (= Alderney)	Bs	Mayaud 1948
8.	Knocke-sur-Mer	Ba	Lippens 1945
9.	Tietjerk (Leeuwarden)	N	Coll. Hellebrekers (ten Kate brfl. 1956)
10.	Wiemerstedt (Norderdithm.)	Bs	Grosse 1955
o	Padborg	A	Salomonsen brfl. 1956
11.	Hammelev (Haderslev)	A	Kock 1954
o	Alsen (1936)	Ba	Løppenthin 1943; Behrends 1951
12.	Faaborg (Fünen) (1952)	Ns	Behrends 1953
13.	Fehmarn	As	Schmidt 1956
14.	Rügen	A	Scharnke 1931
15.	Stolpmünde	A	Hoffmann 1919
16.	Nogat-Mündung	A	Stresemann 1919
17.	Augustowo (Suwalki)	As	Stolz 1917
18.	Zubrowo (NE Grodno)	As	Sachtleben 1922
19.	Albertyn (Slonim) (22. III.) ↓	As	Zedlitz 1920
20.	Lwow (=Lemberg)	A	Strautman brfl. 1957
21.	Umgebung Kiew ↓	As	Scharleman 1928
22.	Kreis Uman ↓	B	Goebel 1879
23.	Ushgorod (= Ungvár)	B	Kistjakowskij 1950
24.	Bezdin (Temesvár)	As	Linția 1944
25.	Hancearca (W Tulcea) (11. IV.)	As	Almásy 1898
26.	Rhopotamos	Aa	v. Jordans 1940
27.	Istanbul	Ac	Antonius 1929
28.	Inebolu	As	Kummerlöwe u. Niethammer 1934
29.	Sotschi (23. VII.) ↓	AJs	Kozlowa 1936
30.	Ilgaz Dagh (12. X.)	As	Kummerlöwe u. Niethammer 1934
31.	Ankara (3. III.)	As	Stresemann 1919
32.	Kilik. Pforte (Taurus)	Asa	Hollom 1955; Kumerloeve brfl. 1957
33.	Cypern (s. nom. *familiaris*)	Na	Bucknill 1909
34.	Kreta	Na	Stresemann 1943
35.	Langhada-Schlucht	Aa	Reiser 1905
36.	Prov. Siracusa	As	Riera 1923
37.	Tozeur	A	Lavauden 1924
38.	El Kantara (7. III.)	As	Hartert u. Rothschild 1912
39.	Gaada Debdou	B	Brosset 1956
40.	Azilal	As	Lynes 1933
41.	Taddert ↓	Ac	Chaworth-Musters 1939

Anmerkungen

Zu P. 19.

Nach Dolbik (1959) seitdem nicht wieder gefunden, doch ist das Gebiet noch immer nicht gründlich durchforscht.

Zu P. 21 u. 22:

Die Zuverlässigkeit der Bestimmung wird von Portenko (brfl. 1958) angezweifelt.

Zu P. 29.

S. Abschnitt „Zur Verbreitung“.

Zu P. 41:

Hartert (1923) erwähnt von Riggenbach im SW des Hohen Atlas gesammelte Stücke; s. Abschnitt „Zur Verbreitung“.

LITERATUR

Almásy 1898 Aquila 5, 106.
Antonius 1929 Zool. Garten (NF) 2, 36.
Behrends 1951 Dansk Orn. Foren. Tidsskr. 45, 199.
Behrends 1953 Dansk Orn. Foren. Tidsskr. 47, 144.
Brosset 1956 Alauda 24, 200.
Bucknill 1909 Ibis (9) 3, 605.
Chaworth-Musters 1939 Ibis (14) 3, 273.
Dolbik 1959 Pticy Belorussk. Polesja. Minsk. 188.
Douaud 1949 Alauda 17—18, 40.
Goebel 1879 Beitr. Kenntn. Russ. Reiches (2) 2, 153.
Grosse 1955 Mitt. faun. Arbeitsg. Schl.-Holst. 8, 54.
Hartert 1923 Novit. Zool. 30, 100.
Hartert u. Rothschild 1912 Novit. Zool. 18, 499.
Hoffmann 1919 Verh. Orn. Ges. Bayern 14, 101.
Hollom 1955 Ibis 97, 17.
v. Jordans 1940 Mitt. Naturwiss. Inst. Sofia 13, 84.
v. Jordans u. Steinbacher Ann. Nat.-Hist. Mus. Wien 52, 217.
Jouard 1929 Bull. Soc. Zool. France 54, 248.
Kistjakowskij 1950 Trudy Inst. Zool. Akad. nauk USSR 4, 23.
Kock 1954 Dansk Orn. Foren. Tidsskr. 48, 52.
Kozlowa 1936 Orn. Mber. 44, 24.
Kummerlöwe u. Niethammer 1934 J. Orn. 82, 546.
Lavauden 1924 Oiseaux Tunisie. Paris. 81.
Linția 1944 Cat. Sist. Orn. Române. Timişoara. 41.
Lippens 1945 Gerfaut 35, 11.
Løppenthin 1943 Dansk. Orn. Foren. Tidsskr. 37, 201.
Lynes 1924 Novit. Zool. 31, 71.
Lynes 1933 Mém. Soc. Sci. Nat. Maroc 36, 40.
Mayaud 1948 Alauda 16, 99.
Reiser 1905 Ornis Balcan. Wien. 3, 185.
Reiser 1939 Ornis Balcan. Wien. 1, 76.
Riera 1923 Riv. Ital. Orn. 7, 14.
Sachtleben 1922 Abh. Bayr. Akad. Wiss. Suppl., 82.
Salomonsen 1931 Danske Fugle 12, 124.
Scharleman 1928 Trav. Mus. Zool. Kiev 5, 481.
Scharnke 1931 Dohrniana 11, 49.
Schmidt 1956 Mitt. Faun. Arbeitsg. Schl.-Holst. 9, 7.
Stolz 1917 J. Orn. 65, 382.
Stresemann 1919 Verh. Orn. Ges. Bayern 14, 55.
Stresemann 1943 J. Orn. 91, 477.
Stresemann 1957 J. Orn. 98, 382.
Tait 1924 Birds Portugal. London. 63.
Ticehurst u. Whistler 1928 Ibis (12) 4, 672.
Vaurie 1957 Amer. Mus. Novit. 1855, 8—12.
Zedlitz 1920 J. Orn. 68, 74.

Briefliche Auskünfte erteilten Catuneanu, Jacobi, Kohl, Steinbacher (Rumänien), Dementjew, Portenko (Sowjetunion), ten Kate (Niederlande), Diesselhorst, Kumerloeve, Vaurie (Türkei), Løppenthin, Salomonsen (Dänemark), Schildmacher, Thorbeck (Mecklenburg), Strautman (Ukraine) und Verheyen (Belgien).

Certhia brachydactyla Brehm

Gartenbaumläufer

Verwandtschaft

Der Gattung *Certhia*, in den Gebirgen Süd-Asiens durch 4 Arten (*familiaris, discolor, nipalensis, himalajana*) vertreten, gehören in der Palaearktis nur 2 Arten an: *familiaris* und *brachydactyla*.

Im Gegensatz zu *C. familiaris*, die ein sehr großes Gebiet, von Nord-Amerika und Japan durch ganz Asien und Europa bis England, besetzt hat, ist die ihr sehr ähnliche *C. brachydactyla* auf Europa, NW-Afrika und Vorder-Asien beschränkt. Stresemann (1919) nimmt an, daß durch das Vorrücken der Eiszeitgletscher das ursprünglich geschlossene, bis West-Europa reichende Areal einer pliocaenen *Certhia*-Art in zwei Teile zerlegt wurde: Ein südeuropäisches und ein ostsibirisches Refugium. In jenem entwickelten sich während des Quartärs die Artcharaktere von *C. brachydactyla*. Diese bestehen in unauffälligen Besonderheiten der Färbung sowie der Schnabel- und Krallenlänge, auffälligen Besonderheiten des Gesanges und oekologischen Eigentümlichkeiten. Zufolge einer Theorie Stresemanns wanderte nach der letzten Eiszeit *C. familiaris* von Osten, *C. brachydactyla* von Süden her in das eisfrei gewordene Gebiet Europas ein, wo nun beide an vielen Stellen nebeneinander leben, ohne Bastarde zu bilden

Gliederung

Die geographische Variation ist geringfügig. Sie hat die Aufstellung von 8 oder mehr durch Nuancen der Gefiedertönung schwach unterschiedenen Subspecies veranlaßt (vgl. Vaurie 1957).

Zur Verbreitung

In Dänemark ist diese Art erst um 1930 bemerkt worden (Salomonsen 1931). Seitdem sind Nachweise auf Alsen und Fünen (siehe Fundortliste) erfolgt, woraus hervorgeht, daß die Ausbreitung dort noch im Fluß ist.

In Osteuropa wird die Dichte der Funde nach Osten hin auffällig geringer. Periphere Punkte sind auf der Karte nicht als vorgeschobene Inseln gewertet, sondern miteinander durch eine Grenzlinie verbunden worden in der Annahme, daß eine künftige gründlichere Durchforschung des Hinterlandes diese Art dort als einen verbreiteten Brutvogel erweisen wird. Vielleicht reicht ihr Areal bis zu den Ost-Karpaten (wie dasjenige von *Regulus ignicapillus*). Bisher ist freilich im gesamten Karpatenbogen (außer bei P. 23) nur *familiaris* gefunden worden. Reiser (1939) bezweifelt sein Brüten in Bosnien.

Das Vorkommen im Kaukasus (P. 29) steht vielleicht in Verbindung mit den Fundorten in der Nord-Türkei. Die vermittelnden Pontischen Gebirge sind noch unerforscht.

Auf den westlichen mediterranen Inseln fehlt der Gartenbaumläufer.

Pflanzengeographische Gegebenheiten machen es wahrscheinlich, daß die Verbreitung in den Atlasländern weiter nach Süden reicht als bisher bekannt. Die vorgenommene Grenzziehung beruht auf dieser Annahme.

Oekologie

Während *C. familiaris* in oekologischer Hinsicht ihre Herkunft aus der sibirischen Taiga vielerorts noch erkennen läßt, hat *C. brachydactyla* in den mediterranen Refugien eine andere oekologische Prägung erfahren. Sie meidet nämlich die düsteren geschlossenen Fichten- und Tannenwälder. Statt dessen bevorzugt sie lichtere Wälder, Parks, baumreiche Gärten, Baumreihen in niederen Lagen und hält sich dort vor allem an Bäume mit borkiger oder rissiger Rinde (Pappeln, Weiden, Eichen, Nußbäume, Kiefern usw.), meidet dagegen in Mitteleuropa aus glattrindigen Bäumen (Buche, Fichte, Tanne) gebildete Waldungen. In Calabrien aber bewohnt *C. brachydactyla* auch den monotonen alten Buchenwald des Gebirges in Menge (Stresemann 1957).

In Mitteleuropa nistet *C. brachydactyla* vor allem in den Niederungen und folgt den breiten Gebirgstälern höchstens bis 900 m aufwärts. In den Mittelmeerländern dagegen reicht ihr Brutgebiet bis an die obere Waldgrenze (in Calabrien bis 1900 m im Buchenwald, am Aetna bis 2000 m im Pinienwald, im Hohen Atlas bis 2000 m in alten Ilexwäldern, in Zentral-Spanien bis 1800 m in Wäldern von *Pinus silvestris*).

Nest meist in Spalten oder hinter loser Rinde der Bäume, in Holzstößen, Höhlungen usw.

Wanderungen

Im wesentlichen Standvogel. Ob und wie weit *C. brachydactyla* bisweilen umherstreicht, ist noch nicht bekannt.

Lanius minor Gmelin

bearbeitet von

J. SZIJJ

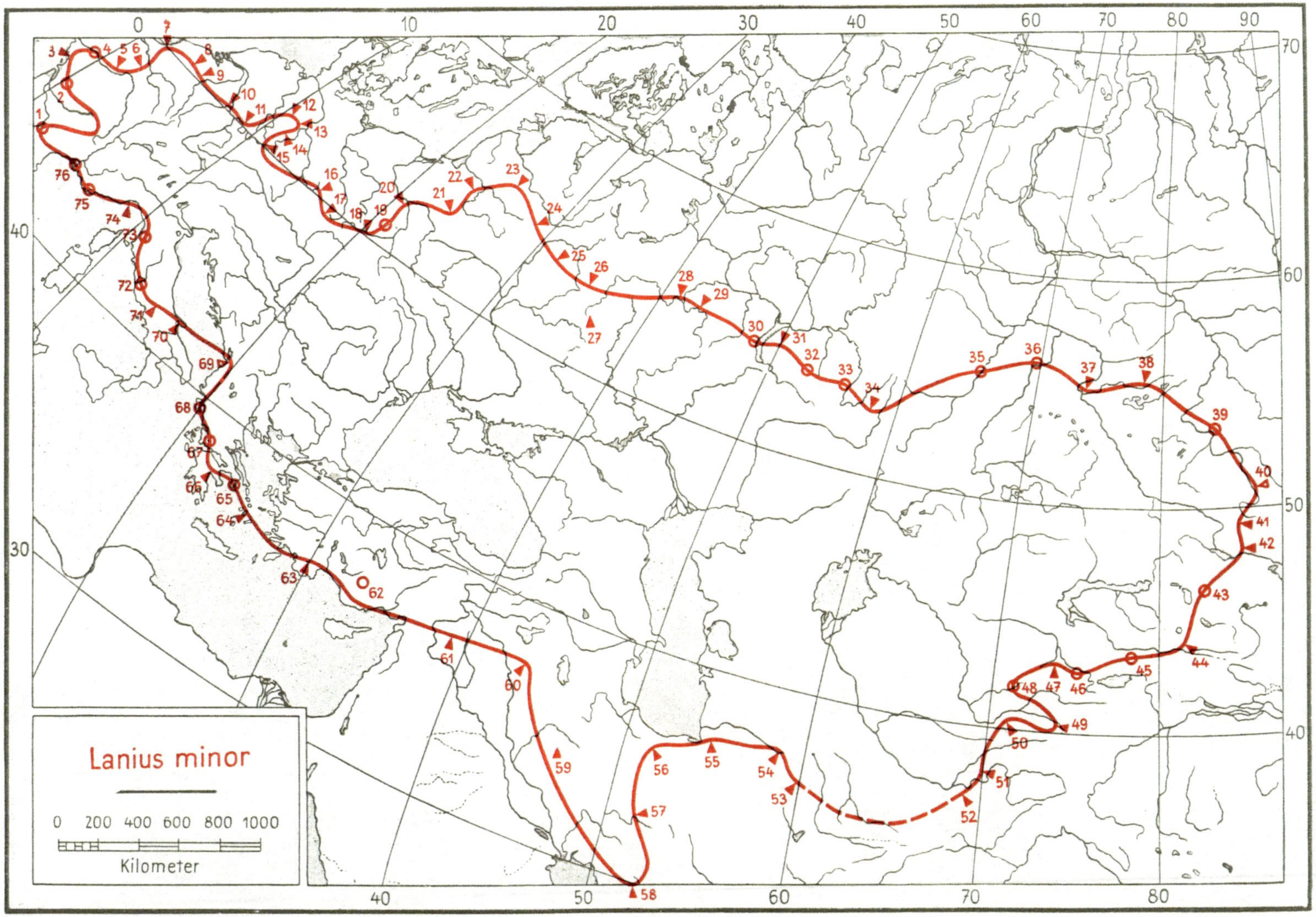
Lanius minor
0 200 400 600 800 1000
Kilometer
0
10
20
30
40
50
60
70
80
90
70
60
50
40
30

FUNDORTLISTE

1. Toulouse	A	MAYAUD 1941
2. Charente	A	MAYAUD 1941
3. Luçon	B	OLIVIER brfl. 1957
4. Anjou	A	MAYAUD 1941
5. Vendôme	B	REBOUSSIN 1929
6. Rambouillet	B	OLIVIER 1944
7. Ault	Ns	OLIVIER 1944
8. Lille	A	OLIVIER 1944
9. Havré	Bs	CLERFAYT 1931
10. Niedermendig (NE Mayen)	Ns	NIETHAMMER 1938
11. Dortelweil	Bs	GEBHARDT u. SUNKEL 1954
12. Vienenburg	Bs	BRUNS 1948
13. Schwanebeck	Ns	MÜLLER 1953
14. Frömmstedt	Bs	KERN 1951
15. Banz	B	RIES 1915
16. Česká Skalice	Ns	ČEJCHAN 1948
17. Velká Bystřice	Ns	HANZÁK brfl. 1957
18. Niepołomice	A	FERENS 1957
19. Góry Świętokrzyskie	A	SOKOŁOWSKI brfl. 1957
20. Kampinos	BAs	FERENS 1957
21. Bialowies	As	TISCHLER 1943
22. Mariampole	A	KUMARI brfl. 1958
23. Dusetos (= Dusjaty)	A	KUMARI brfl. 1958
24. Lepel	Bs	FEDJUSCHIN 1926
25. Mstislawl	As	STANTSCHINSKIJ 1929
26. Shizdra	AJs	FILATOW 1915
27. Quellen der Oka	Na	JEFIMOW 1907
28. Kasimow	Bc	CHOMJAKOW 1901
29. Mokscha-Fluß (N Temnikow)	Js	PTUSCHENKO 1938
30. Gouv. Simbirsk (= Uljanowsk)	Bc	BOGDANOW 1871
31. Juchmatschi	Ns	POPOW et alii 1954
32. Kreis Buguruslan	AJc	KARAMZIN 1901
33. SW Gouv. Ufa	Ac	BOGDANOW 1871
34. Tolkas-See (52°45′N/58°15′E)	Ac	KIRIKOW 1952
35. Kreis Kurgan	Aa	SLOWCOW 1892
36. Kreis Ischim	Aa	SLOWCOW 1892
37. Omsk	Nc	LAWROW 1925
38. Kajinsk (= Kujbyschew)	As	JOHANSEN 1907
39. Kreis Barnaul	Bc	WELISHANIN 1929
40. Katunj-Fluß (Saldshar-Geb.)	Bc	SUSCHKIN 1938
41. Katon-Karagaj	Bc	SUSCHKIN 1938
42. Kaldshir-Mündung	Ac	POLJAKOW 1912
43. Westl. Vorberge des Barlyk	Aa	Coll. Zool. Inst. Leningrad (PORTENKO brfl. 1958); CHACHLOW 1926
44. Kuldsha	Nc	SCHESTOPEROW 1929
45. Nordhang des (Zail.) Ala-tau	Bc	SCHNITNIKOW 1949
46. Monts Alexandrowski (= Kirgisisches Gebirge)	Ac	SPANGENBERG u. DÉMENTIEFF 1935
47. Merke	Bc	PORTENKO brfl. 1958
48. Tschatkal-Fluß	A	SEWERCOW 1873
49. Goultscha	As	Coll. Zool. Inst. Leningrad (PORTENKO brfl. 1958); STOLZMAN 1898
50. Isfara	B	IVANOV 1940
51. Kulab	B	IVANOV 1940
52. Kunduz	Bc	MEINERTZHAGEN 1938
53. Meschhed	Bc	ZARUDNYJ 1900
54. Kutschan	Bc	ZARUDNYJ 1900
55. Asterabad	Aa	STRESEMANN 1928
56. Teheran	Ac	MEIKLEJOHN 1948
57. Isfahan	Aa	WITHERBY 1907
58. Shiráz	JAs	BLANFORD 1876
59. Kermanshah	Aa	WITHERBY 1907
60. Ser Amadia	As	CHAPMAN u. McGEOGH 1956
61. Tell Abiad (S Urfa)	B	MISONNE 1956
62. Kara Dagh	Nc	RAMSAY 1914
63. Elmaly	As	v. JORDANS u. STEINBACHER 1948
64. Naxos	Bs	REISER 1905
65. Attika	Ns	REISER 1905
66. Stymphalischer See	Bs	NIETHAMMER 1943
67. Akarnanien	N	REISER 1905
68. Korfu	AJc	REISER 1905
69. Vranina (N Scutari-See)	B	REISER u. v. FÜHRER 1896
70. Lesina-See	A	MOLTONI 1935
71. Pescasseroli	As	STRESEMANN 1957
72. Campagna	Ba	ALEXANDER 1927
73. Prov. Pisa	Ba	CATERINI 1941
74. Savona	Bc	GIGLIOLI 1889
75. Var	A	GURNEY 1901
76. Camargue	N	GLEGG 1941

LITERATUR

ALEXANDER 1927 — Ibis (12) 3, 669.
BANNERMAN 1958 — Birds Cyprus. Edinburgh-London. 74.
BLANFORD 1876 — Eastern Persia. London. 2, 137.
BOGDANOW 1871 — Pticy i zweri Powolshja. Kazanj. 74.
BRUNS 1948 — Orn. Mitt. 1, 14.
CATERINI 1941 — Riv. Ital. Orn. 11, 21.
ČEJCHAN 1948 — Sylvia 9—10, 69.
CHACHLOW 1926 — Izw. Tomsk. Uniw. 76, „5“.
CHAPMAN u. McGEOGH 1956 — Ibis 98, 593.
CHOMJAKOW 1901 — Mat. Fauna Flora Ross. 5, 169.
CLERFAYT 1931 — Gerfaut 21, 124.
FEDJUSCHIN 1926 — Bull. Soc. Nat. Moscou 35, 149.
FERENS 1957 — Ochrona zwierząt w Polsce. Kraków. 237.
FILATOW 1915 — Mat. Fauna Flora Ross. 14, 138.
GEBHARDT u. SUNKEL 1954 — Vögel Hessens. Frankfurt. 210.
GEYR v. SCHWEPPENBURG 1926 — J. Orn. 74, 396.
GIGLIOLI 1889 — Primo resoc. orn. Ital. Firenze. 1, 296.
GLEGG 1941 — Ibis (14) 5, 567.
GURNEY 1901 — Ibis (8) 1, 379.
IVANOV 1940 — Oiseaux Tadjikistan. Moscou. 200.
JEFIMOW 1907 — Izw. Ob. prirody Orl. gub. 1, 25.
JOHANSEN 1907 — Mat. orn. stepej Tomsk. kraja. Tomsk. 71.
v. JORDANS u. STEINBACHER 1948 — Senckenbergiana 28, 171.
KARAMZIN 1901 — Mat. Fauna Flora Ross. 5, 313.
KERN 1951 — Mitt. Thür. Orn. 2, 4.
KIRIKOW 1952 — Pticy i mlek. jushn. Urala. Moskwa. 222.
LAWROW 1925 — Trudy Sibir. Sel.-Choz. Akad. 4, 5.
MAYAUD 1941 — L'Oiseau 11, Suppl. 95.
MEIKLEJOHN 1948 — Ibis 90, 81.
MEINERTZHAGEN 1938 — Ibis (14) 2, 673.
MISONNE 1956 — Gerfaut 46, 196.
MOLTONI 1935 — Riv. Ital. Orn. 5, 265.
MÜLLER 1953 — Beitr. Vogelk. 3, 140.
NIETHAMMER 1938 — Orn. Mber. 46, 133.
NIETHAMMER 1943 — J. Orn. 91, 208.
OLIVIER 1944 — Monogr. genre Lanius. Rouen. 202.
POLJAKOW 1912 — Ausflug Saissan-nor u. Marka-kul. 121.
POPOW et alii 1954 — Trudy Kazan. Akad. nauk, ser. biol. 3, 160.
PTUSCHENKO 1938 — Fauna Mordow. zapow. Moskwa. 83.
RAMSAY 1914 — Ibis (10) 2, 376.
REBOUSSIN 1929 — L'Oiseau 9, 530.
REISER 1905 — Ornis Balcan. Wien. 3, 259.

Reiser u. v. Führer 1896 Ornis Balcan. Wien. 4,82.
Ries 1915 Ber. Naturf. Ges. Bamberg 22—23, 379.
Schestoperow 1929 Bull. Soc. Nat. Moscou 38, 179.
Schnitnikow 1949 Pticy Semiretschja. Moskwa-Leningr. 467.
Sewercow 1873 Izw. Ob. Lub. Jest., Antr., Etn. 8/2, 60; 67.
Slowcow 1892 Mat. Fauna Flora Ross. 1, 254.
Spangenberg u. Démentieff 1935 Alauda 7, 345.
Stantschinskij 1929 Izw. Smolensk. Uniw. 5/1, 136.
Stolzman 1898 Bull. Soc. Nat. Moscou 11, 70.
Stresemann 1928 J. Orn. 76, 370.
Stresemann 1943 J. Orn. 91, 478.
Stresemann 1957 J. Orn. 98, 14.
Suschkin 1938 Birds Soviet Altai. Moskwa-Leningr. 2, 140.
Tischler 1943 Orn. Mber. 51, 81.
Welishanin 1929 Uragus 1, 12.
Witherby 1907 Ibis (9) 1, 80.
Zarudnyj 1900 Mém. Acad. Sci. St.-Pétersb. (8) 10, 188.

Briefliche Auskünfte erteilten Catuneanu (Rumänien), Hanzák (ČSR), Kroneisl (Jugoslawien), Kumari (Baltikum), Kumerloeve (Vorderasien), Pinowski, Sokołowski (Polen) und Zink (Südwest-Deutschland); Überprüfung der Karte durch Olivier (Frankreich), Johansen (Westsibirien) und Portenko (Sowjetunion).

Lanius minor Gmelin

Schwarzstirnwürger

Gliederung

Daraus, daß *L. minor* trotz seiner weiten Verbreitung so gut wie keine geographische Variation zeigt, kann auf eine postglaziale Ausweitung seines Areals geschlossen werden. Zu urteilen nach der Lage des Wintergebietes und den heutigen Zugrichtungen mögen die einstigen Baumsteppen zwischen dem Unterlauf von Donau und Wolga sein Refugialgebiet gebildet haben. Die östlichsten Populationen (aus West-Sibirien und Turkmenien) haben (relativ ?) etwas längere Flügel („*turanicus* Fedjuschin"), vielleicht in Anpassung an ihren längeren Wanderweg.

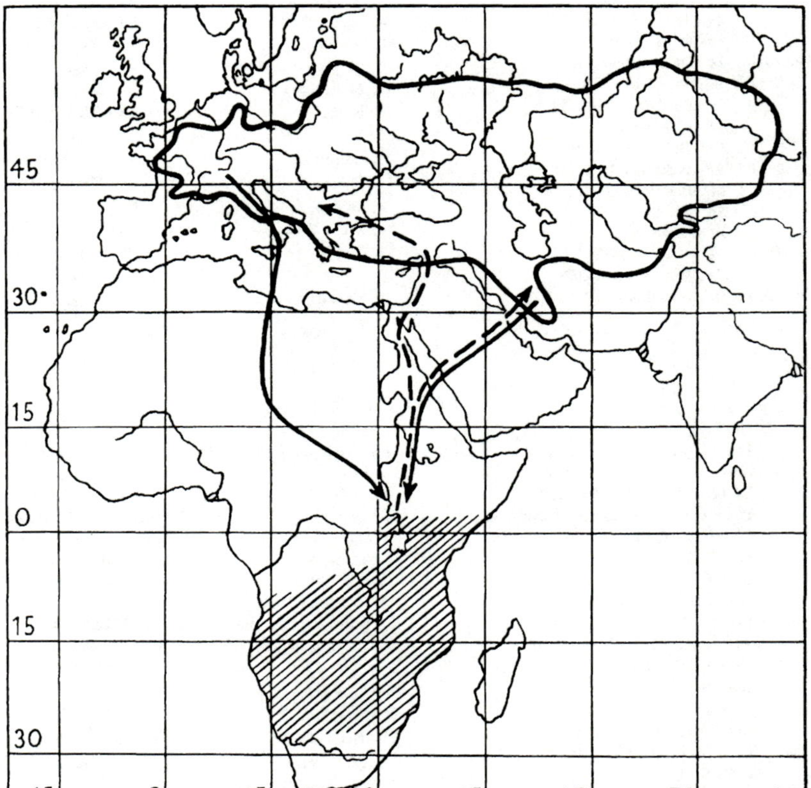

Brut- und (schraffiert) Wintergebiet von *Lanius minor*. Die vorherrschenden Routen des Postnuptialzuges sind mit ausgezogener, die des Praenuptialzuges mit unterbrochener Linie angegeben.

Zur Verbreitung

Wie bei *L. senator,* so fluktuiert auch bei *L. minor* die Nordgrenze der Verbreitung beträchtlich. Seit der Mitte des 19. Jahrhunderts ist sie in Deutschland weit zurückgewichen. Neuerdings sind wieder hier und da einige Paare in das verlorene Gebiet (vorübergehend?) eingewandert. Auf unserer Karte wurde die Nordgrenze nach Möglichkeit als Verbindung von Punkten gezogen, an denen *L. minor* in den letzten 20 Jahren regelmäßig und nicht allzu vereinzelt gebrütet hat. Unregelmäßige nördlichere Funde einzelner Paare blieben unberücksichtigt. Schon allein das hohe Alter vieler Nachrichten, auf welche sich die Eintragung der Nordgrenze in der Sowjetunion stützen mußte, zeigt, wie schwer ein verläßliches Bild ihres Verlaufs zu gewinnen ist.

Oekologie

In seinen Ansprüchen an den Brutbiotop stimmt *L. minor* fast ganz mit *L. senator* überein. Auch er bevorzugt offenes Gelände mit verstreuten höheren Bäumen, daneben auch den Rand lichter Wälder, begnügt sich aber (in Asien) mit hohem Gebüsch, wenn er keine Bäume vorfindet.

In Europa hält er sich meist an die tiefen Lagen. Im Semiretschje brütet er zahlreich nur zwischen 500 und 1200 m (Schnitnikow 1949), in Tadshikistan meist zwischen 1200 und 1300 m, zuweilen bis 2000 m (Ivanov 1940).

Nest meist auf freistehenden Bäumen, vor allem Laubbäumen, gewöhnlich über 7 m hoch; nur wo es keine Bäume gibt, baut er das Nest in hohes Gebüsch.

Wanderungen

Zugvogel. Wintergebiet in den Baumsteppen des tropischen Afrika, südlich vom Aequator. Im Herbst ziehen alle Populationen im Trichterzug zunächst nach Nordost-Afrika, die östlichen (sibirischen) durch Arabien, die westlichsten über Süditalien–Malta–Libyen (Fezzan)–Tschadsee und über Griechenland–Aegæis–Cyrenaika–Darfur. Ein Teil verbringt den Winter schon in Kenya und Uganda, die Mehrzahl aber wandert weiter nach Süden in die südlich und südöstlich vom Congo-Wald liegenden Baumsteppen, und zwar östlich bis Mozambique, westlich bis Angola und SW-Afrika, südlich bis zum oberen Oranje-Fluß (Geyr v. Schweppenburg 1926). Ringfunde: von Heidelberg zum Peloponnes, 3 ungarische Brutvögel nach Griechenland. Im Frühjahr kehren alle westlichen Populationen auf einem Umweg zurück, nämlich östlich an Aegypten vorbei über Syrien–Kleinasien–Griechenland (Stresemann 1943, p. 478), und sind dann auch auf Cypern häufig (Bannerman 1958).

Ankunft in Mitteleuropa und in Turkmenistan meist in den beiden ersten Dritteln des Mai; Abzug von Ende Juli bis Ende August, nur vereinzelt später.

Lanius senator L.

bearbeitet von

G. MAUERSBERGER

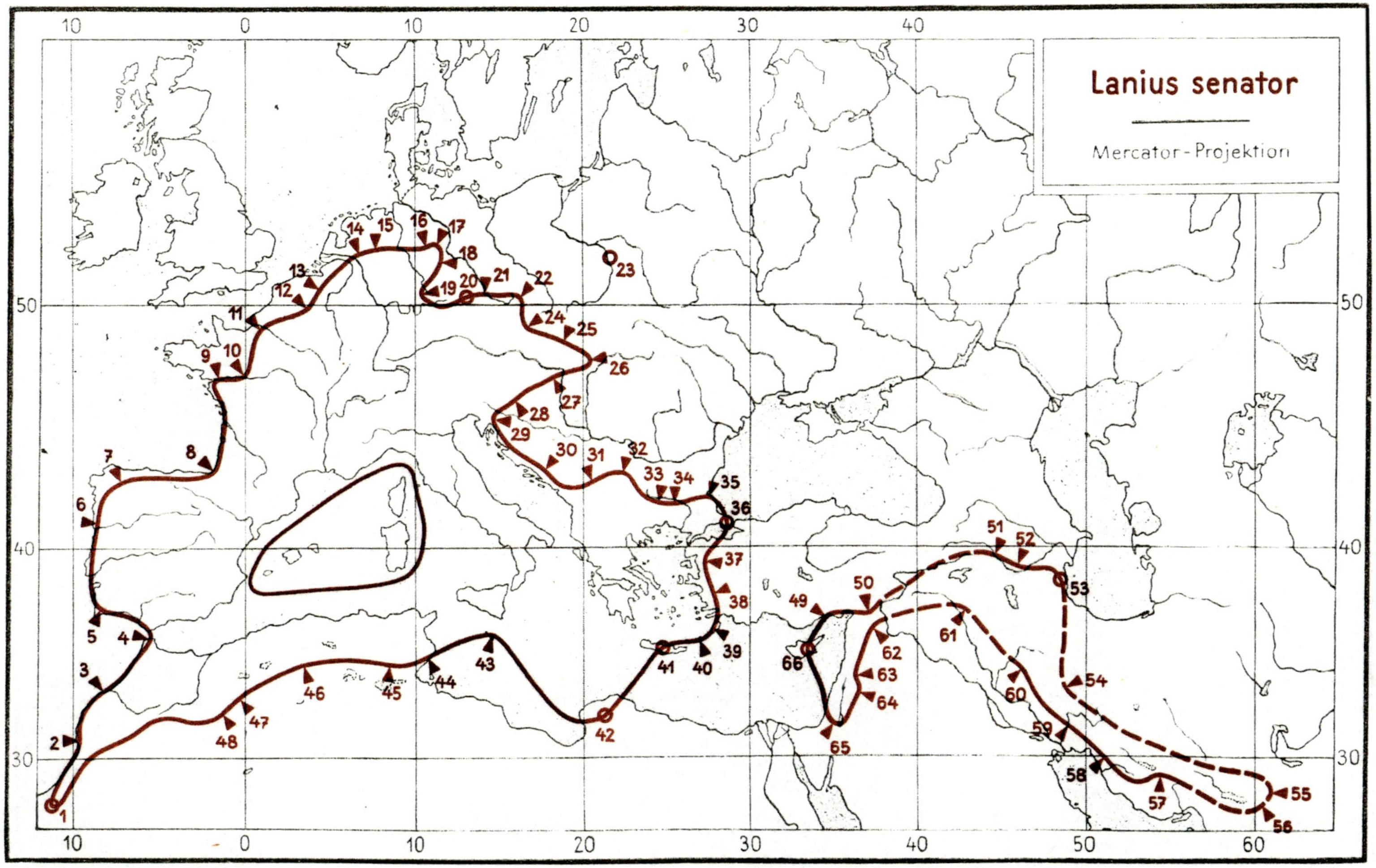
Lanius senator
Mercator-Projektion
10
0
10
20
30
40
50
60
50
40
30
1
2
3
4
5
6
7
8
9
10
11
12
13
14
15
16
17
18
19
20
21
22
23
24
25
26
27
28
29
30
31
32
33
34
35
36
37
38
39
40
41
42
43
44
45
46
47
48
49
50
51
52
53
54
55
56
57
58
59
60
61
62
63
64
65
66

FUNDORTLISTE

1. Dj. Guir	Ba	Heim de Balsac 1954
2. Agadir (Sous)	Nc	Lynes 1925
3. Mazagan	Ba	Hartert 1923b
4. Tanger	B	Hartert 1923b
5. Lagos	AJs	v. Jordans u. Steinbacher 1941
6. Oporto	B	Tait 1924
7. Páramo de Sil	As	Bernis 1956
8. St.-Jean-de-Luz	Js	Mayaud 1946
9. Nantes	B	Olivier 1944
10. Saumur	Ns	Mayaud 1952
11. Bourgtheroulde	A	Olivier 1937
12. Guise	A	Mayaud 1941
13. Thieusies (Hainaut)	Ns	Hachez u. Wayembergh 1954
14. Gendringen	AJs	Snouckaert v. Schauburg 1913
15. Rheine	B	Detmers 1912
16. Wendeburg (Braunschweig)	As	Bub 1954
17. Mieste (Gardelegen)	Ns	Weber 1957
18. Artern	Ns	Becherer 1955
19. Mellrichstadt	Bs	Zink brfl. 1956
20. Doupovské-Gebirge	Bs	Komárek 1920
21. Lovosice	Ns	Hanzák brfl. 1957
22. Nové Město	Bs	Hanzák brfl. 1957
23. Umgebung von Warschau ↓	Ba	Pinowski 1954, Ferens 1956 u. Nowak 1957
24. Brno (= Brünn)	Ns	Kux 1948
o Gottwaldov (= Zlin)	Bs	Balthasar 1950
25. Zvolen	B	Ferianc 1941
26. Diós-Györ	Ba	Mauks 1942
27. Csákvár	Ns	Nagy 1929
28. St. Egydı	Bs	Reiser 1925
29. Ravnagora	B	Matvejev brfl. 1956
30. Mostar	Ba	Matvejev brfl. 1956
31. S Mitrowica	Ba	Matvejev brfl. 1956
32. Bela Palanka	As	Matvejev 1950
33. Plovdiv	As	Harrison 1933
34. Dimitroffgrad(=Kajadshik) ↓	A	Pateff 1950
35. Burgas ↓	A	Pateff 1950
36. um Istanbul	Bs	Dresser 1871
37. Savaştepe	Nc	Kumerloeve 1957
38. Aidin	Bc	Schrader 1891
39. Rhodos	Aa	Sassi 1937
40. Scarpanto (= Karpathos)	As	Sassi 1937
41. Kreta	Nsa	Meinertzhagen 1921, Stresemann 1943
42. Dj. el Achdar	Bc	Hartert 1923a
— Merg (= Merdj)	Na	Hartert 1923a
o Benghasi	Ba	Hartert 1923a
43. Malta	Ns	Despott 1917, Gibb 1951
44. Sfax	As	Bédé 1915
45. Gafsa	A	Heim de Balsac 1924
46. Messad	B	Heim de Balsac 1926
47. Dj. Aïn-Aïssa	A	Heim de Balsac 1928
48. Beni-Ounif	As	Foley u. Céard 1927

L. s. niloticus (Bonaparte)

49. Mersina	Bc	Schrader 1891
50. Gaziantep (= Aintab)	AJc	Bird 1937
51. Wedi ↓	Na	Laister u. Sosnin 1942
52. Dshamaldin (Abrakunis)	As	Laister u. Sosnin 1942
53. Talyscher Tiefland	A	Radde 1886
54. Karun	As	Paludan 1938
o Deh-i-Diz (= Dehdis)(14.IV.)	As	Witherby 1907
o Tol-i-safid (E Bascht)	A	Witherby 1903
55. Podagi (zw. Schendak u. Basman)	Js	Zarudnyj 1903
56. Bampur-Tal	AJs	Zarudnyj 1903
57. Niris	AJs	Blanford 1876
58. Mishun	N	Capito 1931
59. Karun-Fluß	A	Tomlinson 1916
60. Tak-i-Girra	Ns	Buxton 1921
61. Dohuk	As	Allouse 1953
62. Aleppo	Ns	Clarke 1924
o N Baalbek	J	Mendelssohn brfl. 1957
63. Mt. Hermon	As	Phillips 1915
64. Dj. Druze	Bc	Meinertzhagen 1935
65. Beth Djibrin	B	Mendelssohn brfl. 1958
66. Cypern ↓	Js	Madarász 1904, Bannerman 1958

Anmerkungen

Zu P. 23:

Die Umgebung von Warschau (Świder, Młociny etc.) stellt offenbar die einzige regelmäßig besiedelte Verbreitungsinsel nördlich der angenommenen Grenze dar. Hier reicht das Vorkommen von *senator* westlich bis zum Urwald von Kampinos und bis Łomna (Ferens 1956), östlich bis Nowo Minsk (= Mińsk Mazowiecki; Diesselhorst 1956). Von Ost-Böhmen (P. 22) aus schlagen die folgenden Einzelfunde in West-Polen eine Brücke nach Warschau: Militsch (Stiebale 1937), Ostrowo (Hammling 1915), Posen (Hammling 1922), Jarocin, Wieluń, Warthbrücken (Koło) und Aleksandrów bei Łódź (Grosse MS 1944). Vielleicht werden künftige Forschungen diese Verbindung als beständig erweisen. Dagegen läßt sich eine Grenzziehung vom Kyffhäuser (P. 18) direkt nach West-Polen nicht vertreten, da *senator* in Sachsen in unserer Zeit nur höchst vereinzelt brütete. — Über Brutvorkommen in Süd-Polen (vgl. Gengler 1916) ließ sich nichts in Erfahrung bringen.

Zu P. 34 und 35:

Diese Fundorte sind nur (ungenannt) der Karte zu entnehmen.

Zu P. 51:

Die wenigen von Radde (1884) für die Gegend von Tiflis (= Tbilisi) genannten Funde betreffen wohl Vorstöße einzelner Vögel, wie sie alljährlich auch im Norden Mitteleuropas festgestellt werden. — Übrigens gehören nach Kartaschow (1954) alle in den europäischen Teil der Sowjetunion verflogenen Rotkopfwürger der Nominatrasse an.

Zu P. 66:

Hin und wieder mag *senator* auch auf Cypern nisten: Madarász (1904) nennt einen Jungvogel und nach Bannerman (1958) sah Wilson dort einmal sehr junge Vögel im Juni. — Ob die mutmaßlichen Brutvögel zu *niloticus* zu stellen sind, ist ungewiß. Frühjahrsdurchzügler (im Herbst scheint er auf Cypern zu fehlen) gehören vielleicht vorwiegend zur Nominatform (so ein von Lord Lilford erlegtes Stück; Bannerman 1958).

LITERATUR

ALLOUSE 1953 — Iraq Nat. Hist. Mus. Publ. 3, 134.
BALTHASAR 1950 — Sylvia 11—12, 13.
BANNERMAN 1958 — Birds Cyprus. Edinburgh—London. 75.
BECHERER 1955 — Beitr. Vogelk. 4, 54.
BÉDÉ 1915 — Rev. franç. Orn. 4, 119.
BERNIS 1956 — Ardeola 3, 32.
BIRD 1937 — Ibis (14)1, 74.
BLANFORD 1876 — Eastern Persia. London. 2, 138.
BUB 1954 — Orn. Mitt. 6, 54.
BUXTON 1921 — J. Bombay Nat. Hist. Soc. 27, 115.
CAPITO 1931 — J. Bombay Nat. Hist. Soc. 34, 925.
CLARKE 1924 — Ibis (11)6, 103.
DESPOTT 1917 — Ibis (10)5, 325.
DETMERS 1912 — J. Orn. 60, 23.
DIESSELHORST 1956 — Vogelwelt 77, 36.
DRESSER 1871 — Hist. Birds Europe. London. 3, 409.
FERENS 1957 — Ochrona zwierząt w Polsce. Kraków. 240.
FERIANC 1941 — Avif. Slovenska. Bratislava. 17.
FOLEY u. CÉARD 1927 — Bull. Soc. Nat. Hist. Algier 18, 182.
GENGLER 1916 — Verh. Orn. Ges. Bayern 12, 226.
GIBB 1951 — Ibis 93, 114.
GROSSE 1944 — Verz. Vögel Warthegau. MS. 4.
HACHEZ u. WAYEMBERGH 1954 — Gerfaut 44, 348.
HAMMLING 1915 — Orn. Mber. 23, 23.
HAMMLING 1922 — Orn. Mber. 30, 79.
HARRISON 1933 — Ibis (13)3, 520.
HARTERT 1923a — Novit. Zool. 30, 16.
HARTERT 1923b — Novit. Zool. 30, 102.
HEIM DE BALZAC 1924 — Rev. franç. Orn. 8, 377.
HEIM DE BALZAC 1926 — Mém. Soc. Hist. Nat. Afr. Nord 1, 52.
HEIM DE BALSAC 1928 — Rev. franç. Orn. 12, 236.
HEIM DE BALSAC 1954 — Alauda 22, 162.
v. JORDANS u. STEINBACHER 1941 — Ann. Nat.-Hist. Mus. Wien 52, 221.
KARTASCHOW 1954 — Zool. J. 33, 1183.
KOMÁREK 1920 — Z. Mus. Böhmen 94, 51.
KRAMPITZ 1956 — J. Orn. 97, 321.
KUMERLOEVE 1957 — Anz. Orn. Ges. Bayern 4, 716.
KUX 1948 — Českosl. orn. 15/5, 45.
LAISTER u. SOSNIN 1942 — Ornis Armeniaca. Erewan. 316.
LYNES 1925 — Mém. Soc. Sci. Nat. Maroc 13, 45.
MADARÁSZ 1904 — Ann. Mus. Nat. Hungar. 2, 514.
MATVEJEV 1950 — Larus 3, 35.
MAUKS 1942 — Aquila 46—49, 491.
MAYAUD 1941 — L'Oiseau 11, Suppl. 95.
MAYAUD 1946 — Alauda 14, 172.
MAYAUD 1952 — Alauda 20, 180.
MEINERTZHAGEN 1921 — Ibis (11)3, 131.
MEINERTZHAGEN 1935 — Ibis (13)5, 130.
NAGY 1929 — Aquila 34—35, 420.
NOWAK 1957 — J. Orn. 98, 216.
OLIVIER 1937 — Alauda 9, 112.
OLIVIER 1944 — Monogr. genre Lanius. Rouen. 286.
PALUDAN 1938 — J. Orn. 86, 605.
PATEFF 1950 — Birds Bulgaria. Sofia. 335.
PHILLIPS 1915 — Auk 32, 286.
PINOWSKI 1954 — Ekol. Polska 2, 379.
RADDE 1884 — Ornis Caucas. Kassel. 284.
RADDE 1886 — Fauna Flora südwestl. Caspi-Geb., Vertebr. Leipzig. 20.
REISER 1925 — Mitt. Naturwiss. Ver. Steierm. 61, 64.
SASSI 1937 — Verh. Orn. Ges. Bayern 21, 106.
SCHRADER 1891 — Orn. Jb. 2, 187.
SNOUCKAERT v. SCHAUBURG 1913 — Jber. Cl. Nederl. Vogelk. 3, 12.
STIEBALE 1937 — Ber. Ver. Schles. Orn. 22, 76.
STRESEMANN 1943 — J. Orn. 91, 479.
TAIT 1924 — Birds Portugal. London 71.
TOMLINSON 1916 — J. Bombay Nat. Hist. Soc. 24, 826.
WEBER 1957 — Beitr. Vogelk. 5, 235.
WITHERBY 1903 — Ibis (8)3, 534.
WITHERBY 1907 — Ibis (9)1, 80.
ZARUDNYJ 1903 — Oiseaux Perse Orient. St.-Pétersb. 367.

Briefliche Auskünfte erteilten BANNERMAN (Cypern), BAUER (Österreich), DIESSELHORST, ZINK (Süddeutschland), KEVE (Ungarn), KOHL (Rumänien), KUMERLOEVE (Türkei), MATVEJEV (Jugoslawien), MAYAUD (Frankreich), MENDELSSOHN (Israel), SEMMLER (Thüringen), STOLLMANN (Slowakei), TRAYLOR und VAURIE (Vorderasien); Überprüfung der Karte durch HANZÁK (ČSR).

Lanius senator L.

Rotkopfwürger

Gliederung

L. senator zeigt ± deutliche geographische Variation. Eine gut ausgeprägte Rasse, *badius* Hartlaub, kenntlich an dem (fast) völligen Mangel eines von der Basis der Handschwingen gebildeten weißen Flügelspiegels, brütet auf Sardinien, Korsika, den Balearen und Pityusen. Gut gekennzeichnet durch breite weiße Basis der mittelsten Steuerfedern ist ferner die anscheinend ebenfalls räumlich isolierte Rasse *niloticus* (Bonaparte), zu welcher die Populationen von Palästina, Syrien, Persien und Transkaukasien gehören. Nur geringfügig und unbeständig weichen die Rotkopfwürger Nordwest-Afrikas (*flückigeri* Kleinschmidt) von den europäischen (*senator*) ab; bei ihnen ist ein isabellfarbener Anflug (besonders auf der Unterseite) häufig.

Zur Verbreitung

Die Nordgrenze des Areals kann nur mit einiger Willkür gezogen werden, da *L. senator* dort nur sehr lückig verbreitet ist und meist nur in zerstreuten Paaren vorkommt. Seit den letzten Dezennien des 19. Jahrhunderts ist dieser Würger in Deutschland fast überall viel seltener geworden und die Grenze regelmäßigen und häufigen Vorkommens weit nach Süden zurückgewichen. Das ein- oder mehrmalige Brüten einzelner Paare oder ganz kleiner Populationen ist neuerdings an verschiedenen, nördlich von unserer Grenzlinie gelegenen Punkten vorübergehend nachgewiesen worden, z. B. bei Kamenz (Sachsen). Eine Ausnahme bildet das Vorkommen bei Warschau (s. Anm. zu P. 23). — Aus Zentral-Anatolien fehlen Brutnachweise; vielleicht ist dies ein „Niemandsland" zwischen *senator* und *niloticus*, das freilich schmaler sein dürfte als die Karte vermuten läßt. Auf dem Frühjahrszug verirren sich einzelne Rotkopfwürger weit nach Norden, selbst bis in die Ukraine (vgl. Anm. zu P. 51). — Das von *badius* bewohnte Inselgebiet ist auf der Karte gesondert umrandet worden.

Oekologie

Bevorzugt in Europa offenes Gelände mit verstreuten, höheren Bäumen, vor allem in sonniger, trockener Lage. Geht im Mittelmeergebiet an den Berghängen stellenweise bis 1000 m, am Aetna sogar bis mindestens 1400 m empor (KRAMPITZ 1956), ist dort aber nur in tieferen Lagen, vor allem in den Niederungen, häufiger. Im Zagross-Gebirge (Persien) traf ihn PALUDAN (1938) im Gestrüpp von 1300 m bis zur oberen Waldgrenze (1900 m), BLANFORD (1876) bei Shiraz über 2000 m hoch.

Nest meist auf höheren Bäumen, mehr als 4 m über dem Boden. Wenn solche fehlen, begnügt er sich im Mittelmeergebiet und Vorderasien auch mit höherem Gebüsch (Neststand dann nur 2—3 m hoch).

Wanderungen

Zugvogel. Alle Populationen wandern in den Nordteil des tropischen Afrika und halten sich dort in den Baumsteppen auf. Im einzelnen:

a) *L. s. niloticus:* Wintergebiet Eritrea, Abessinien, Somaliland und oberes Niltal, spärlich südwärts bis zum Nordteil von Kenya-Colony und Uganda, westwärts häufig bis zur Osthälfte von Darfur. Wandert durch Sinai sowie durch Irak und Arabien, im Frühjahr häufig auch durch Aegypten.
Ankunft in Palästina Mitte März (oder früher).

b) *L. s. badius:* Wintergebiet in Ober-Guinea (Elfenbeinküste, Goldküste, Nigeria, Nord-Kamerun). Durchwandert Tunesien, Algerien, die Sahara und den französischen Sudan.

c) *L. s. senator:* Überwintert westlich von *L. s. niloticus*, vom westlichen Darfur bis zum untersten Senegal und südwärts bis zum Benue- und Ubangi-Gebiet. Sein Wanderweg ist im wesentlichen im Herbst nach S oder SW, im Frühjahr nach N gerichtet und führt in breiter Front durch die Sahara. Ringfunde: jung zu Basel beringt, 1. Okt. in Süd-Portugal (SCHIFFERLI 1953, Orn. Beob. 50 p. 182); jung bei Bern beringt, 4. Sept. im französischen Dept. Aude erbeutet, also gleichfalls nach SW fortgezogen (SCHIFFERLI 1955, Orn. Beob. 52 p. 189); von Radolfzell nach Mirandola (Portugal), von Ludwigsburg/Württ. nach Alfaro (Spanien) — diese beiden nach Mitteilung der Vw. Radolfzell.

Erst-Ankunft in Griechenland um den 1. April, in Deutschland im letzen April-Drittel. Verbleib in Deutschland bis spätestens Mitte September.

Lanius nubicus Lichtenstein

bearbeitet von

G. MAUERSBERGER

LITERATUR

ANTONIUS 1929 — Zool. Garten (NF) 2, 37.
BANNERMAN 1958 — Birds Cyprus. Edinburgh—London. 76.
BANZHAF 1937 — Verh. Orn. Ges. Bayern 21, 131.
BUCKNILL 1909 — Ibis (9)3, 612.
BUTLER 1909 — Ibis (9)3, 394.
CAPITO 1931 — J. Bombay Nat. Hist. Soc. 34, 925.
CHAPMAN u. MCGEOGH 1956 — Ibis 98, 593.
FLACH 1955 — Fauna och Flora 50, 207.
HARRISON u. PATEFF 1937 — Ibis (14)1, 606.
HOLLOM 1955 — Ibis 97, 16.
KATTINGER 1942 — Verh. Orn. Ges. Bayern 22, 270.
KRÜPER 1869 — J. Orn. 17, 30.
KUMMERLÖWE u. NIETHAMMER 1935 — J. Orn. 83, 25.
KUMERLOEVE 1957 — Anz. Orn. Ges. Bayern 4, 716.
LYNES 1912 — Ibis (9)6, 146.
MAKATSCH 1950 — Vogelwelt Mazed. Leipzig. 166.
MOORE u. BOSWELL 1957 — Iraq Nat. Hist. Mus. Publ. 12, 230.
PALUDAN 1936 — Vidensk. Medd. Dansk nat. hist. Foren. 100, 322.
PALUDAN 1938 — J. Orn. 86, 605.
PITMAN 1922 — Oolog. Rec. 2, 56.
REISER 1905 — Ornis Balcan. Wien. 3, 260.
SASSI 1912 — Ann. Nat.-Hist. Mus. Wien 26, 117.
SCHRADER 1891 — Orn. Jb. 2, 187.
SCHRADER 1892 — Orn. Jb. 3, 13.
SELOUS 1900 — Ibis (7)6, 422.
SLADEN 1919 — Ibis (11)1, 232.
STRESEMANN 1920 — Avif. Macedon. München. 112.
TICEHURST 1921 — J. Bombay Nat. Hist. Soc. 28, 235.
v. WETTSTEIN 1938 — J. Orn. 86, 19.
WITHERBY 1903 — Ibis (8)3, 534.

Briefliche Auskünfte erteilten KUMERLOEVE (Türkei), MENDELSSOHN (Palästina, Syrien), TRAYLOR und VAURIE (Vorderasien).

Lanius nubicus Lichtenstein

Maskenwürger

Zur Verbreitung

Früher auch in der Gegend von Athen häufig, aber seit 1864 nicht mehr in Attika angetroffen (REISER 1905). Spezialkarte der Verbreitung in Griechenland: MAKATSCH (1950). Das häufige Vorkommen in Palästina (s. Anm. zu P. 20) und Persien veranlaßte uns, dort versuchsweise eine Grenzlinie zu ziehen, was an anderen Stellen (z. B. in Anatolien und Syrien) erst möglich werden wird, wenn diese Gebiete besser durchforscht sind.

Oekologie

In Südost-Europa und Vorder-Asien vor allem in der Küstenebene und in weiten Flußtälern; in SW-Persien dagegen in lichten Laubwäldern der Gebirge. Bevorzugt Baumgruppen (wie Maulbeer-Pflanzungen und alte Olivenhaine) des Kulturlandes oder lichtes Gehölz. Bei Smyrna vor allem „in üppigen Weingärten mit uralten Ölbäumen sowie in den türkischen Friedhöfen, die dicht mit hohen Zypressen bepflanzt sind" (KRÜPER 1869, p. 30). Im Libanon in offenem Buschwald aufwärts bis 800 m (MENDELSSOHN brfl. 1957). Im Zagross-Gebirge in lichtem Eichenwald zwischen 1200 und 1800 m (PALUDAN 1938). Kommt, so wie seine Lebensstätten, in vielen Gegenden nur an weit verstreuten Stellen, dort aber häufig, vor.

Nest meist im mittleren Stockwerk höherer Bäume, mehr als 3 m über dem Boden.

Wanderungen

Zugvogel. Wintergebiet in baumreichen Gegenden von Eritrea, Abessinien und des Sudan, südwärts bis zum Rudolf-See, westwärts bis zum Tschad-See und sogar bis Zinder (PALUDAN 1936). Wandert dorthin in Menge über Palästina—Sinai—Aegypten und auch durch Irak—Arabien.

Ankunft am Brutplatz in Palästina schon von Mitte März, in Cypern von Ende März an (MENDELSSOHN brfl. 1957; BANNERMAN 1958), weiter nördlich in der 2. Hälfte April/Anfang Mai; Verbleib dort bis August/September oder gar Anfang Oktober. BUTLER (1909) traf den Maskenwürger bei Port Sudan sogar noch im Mai häufig an.

Muscicapa striata (Pallas)

bearbeitet von

G. EBER

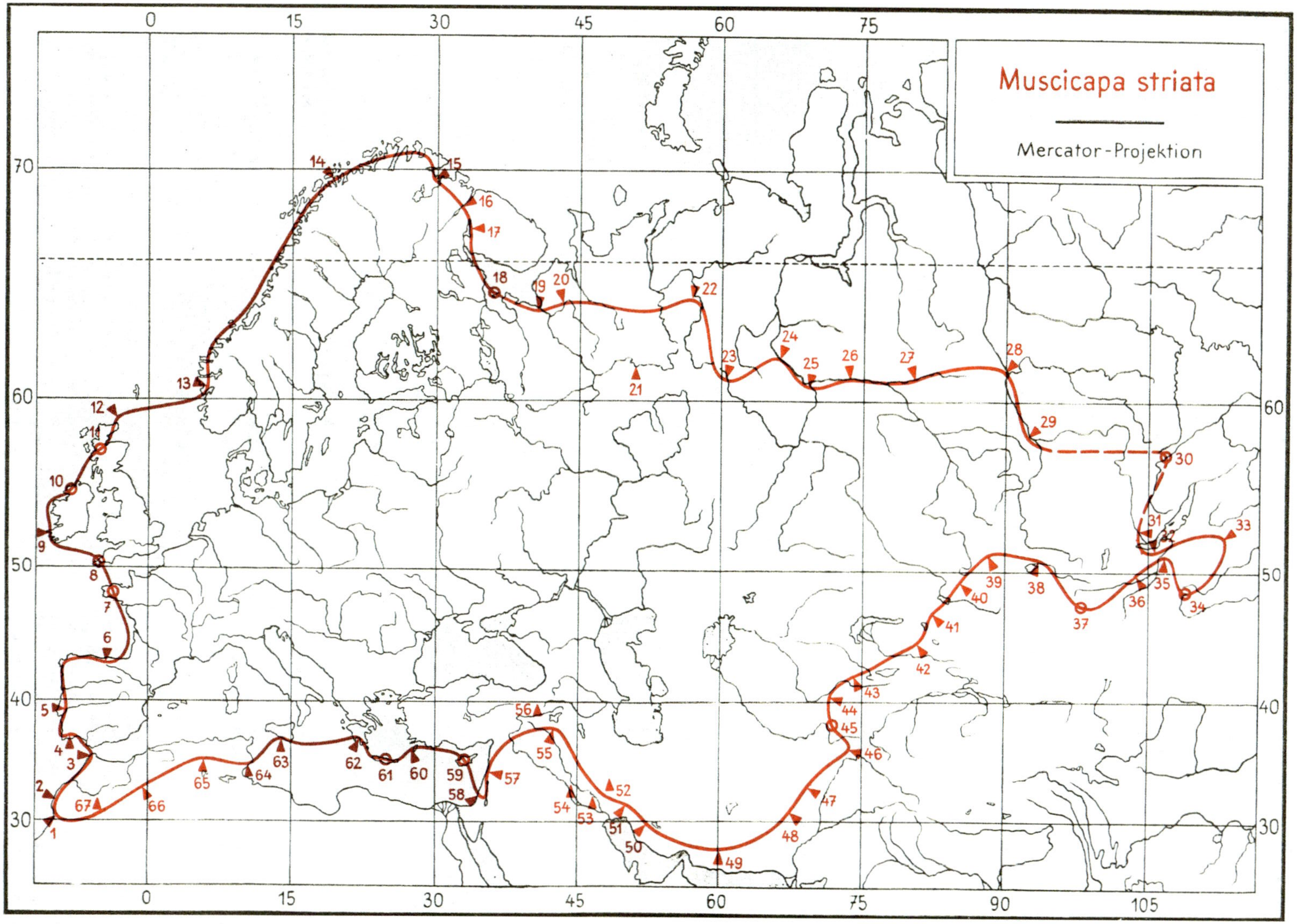

Muscicapa striata
Mercator-Projektion

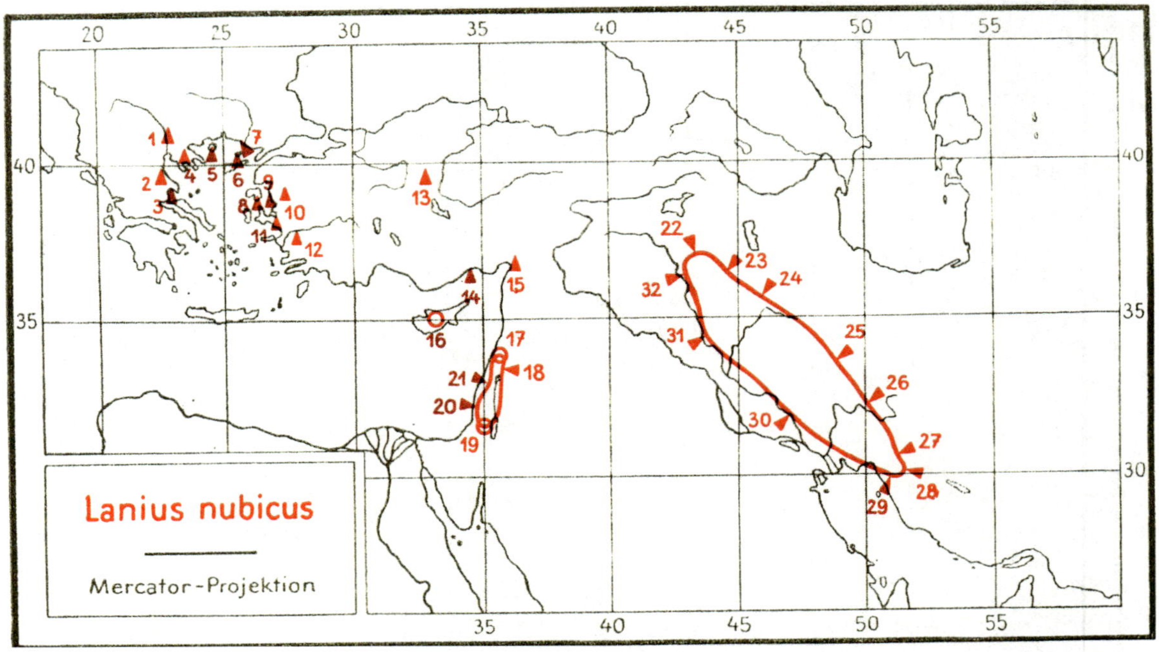

FUNDORTLISTE

1. Valandova	As	Stresemann 1920
— Kaluckowa	AJs	Stresemann 1920, Makatsch 1950
2. Papapuli (S Platamon)	As	Makatsch 1950
3. Lechonia	As	Banzhaf 1937
4. Stavros	As	Makatsch 1950
— Wrasma	Bs	Makatsch 1950
5. Thasos (VIII)	AJs	Lynes 1912, Kattinger 1942
6. Samothraki	Ac	Harrison u. Pateff 1937
7. Alexandrupolis (= Dedeagatsch)	Ac	Harrison u. Pateff 1937, Makatsch 1950
— Makri-Distrikt	Ac	Harrison u. Pateff 1937, Flach 1955
8. Mytilene	As	v. Wettstein 1938
9. Dikili	Aa	Kumerloeve 1957
10. Savaştepe	As	Kumerloeve 1957
11. Smyrna (= Izmir)	Nc	Krüper 1869
— Burnabat (= Bornova)	Na	Selous 1900
12. Aidin	Na	Schrader 1891, Vaurie brfl. 1958
13. Ankara	As	Kummerlöwe u. Niethammer 1935
14. Mersina	A	Schrader 1891, Hollom 1955
15. Haruniye	Bsa	Kumerloeve brfl. 1957
— Osmaniye	Bsa	Kumerloeve brfl. 1957
16. Cypern	Nc	Bucknill 1909
17. Libanon	B	Mendelssohn brfl. 1957
— Beirut	Bsa	Schrader 1892
18. Bâniâs (13. V.)	As	Coll. Amer. Mus. (Vaurie brfl. 1958)
o Jericho	B	Mendelssohn brfl. 1958
19. Judaeische Berge	Na	Pitman 1922
— S Hebron	B	Mendelssohn brfl. 1958
20. Jaffa ↓	As	Sladen 1919
21. Nazareth	Na	Antonius 1929
22. Ser Amadia	Nc	Chapman u. McGeogh 1956
23. Diana (Rowanduz)	A	Moore u. Boswell 1957
24. Choarta (NE Suleimaniya)	J	Moore u .Boswell 1957
25. Durud (= Bahrein) (29. IV.)	As	Coll. Nat. Hist. Mus. Chicago (Traylor brfl. 1958)
26. Pashmshurun (10. V.)	Aa	Coll. Amer. Mus. (Vaurie brfl. 1958), Coll. Nat. Hist. Mus. Chicago (Traylor brfl. 1958)
27. Basht	Jc	Witherby 1903
28. Naksh-i-Bahram (Nurabad)	Nc	Witherby 1903
29. Bikarz	As	Capito 1931
30. Amara	Ns	Ticehurst 1921
31. Samara	B	Ward 1919 fide Ticehurst 1921
32. Mossul	A	Sassi 1912

Anmerkung

Zu P. 20:

L. nubicus ist in Palästina häufiger als *L. senator*, da er auch die Kulturlandschaft (Oliven-, Obst- und Johannisbrotbaumpflanzungen) besiedelt. „In der Küstenebene breitet er sich mit der Besiedlung und Bepflanzung weiter nach Süden aus und brütet jetzt ca. 30 km südlich Tel-Aviv" (Mendelssohn brfl. 1958; diese Angaben konnten auf der Karte nicht mehr berücksichtigt werden).

FUNDORTLISTE

1.	Sous	N	Lynes 1925
2.	Mogador	B	Hartert 1923
3.	Tanger	B	Hartert 1923
4.	Faro	Na	Tait 1924
5.	Torres Novas	Aa	Tait 1924
6.	Santander	Bc	Irby 1883
7.	Basse Bretagne	Ba	Lebeurier u. Rapine 1934
8.	Cornwall	Bs	Bannerman 1953
9.	Dingle Peninsula	Ba	Kennedy et alii 1954
10.	NW-Donegal	Bs	Kennedy et alii 1954
11.	N-Schottland	Bs	Bannerman 1953
12.	Orkney-Inseln	Ns	Lack 1943
13.	Voss	Bc	Bernhoft-Osa 1922
14.	Maalselv-Tal (Tromsö)	Nc	Collett 1872
15.	Pasvigelv (Syd-Varanger)	A	Collett 1877
16.	Yläluostari (Petsamo)	Ns	Ottow 1949
17.	Chibiny-Berge	Js	Nowikow 1952
18.	Solowecki-Inseln	N	Goebel 1902
19.	Archangelsk ↓	Bs	Parowschtschikow 1941
20.	Pinega-Berge	J	Sokolow 1941
21.	Syktywkar ↓	Ac	Andrejew u. Bianchi 1910
22.	Koshwa	AJ	Dmochowskij 1933
o	Petschora-Ilytsch-Reservat	Nc	Teplowa 1957
23.	Oberlauf der Lozjwa (ca. 61° N)	N	Rezcow 1904
24.	Kondinskoje	A	Schostak 1921
25.	Samarowo (= Chanty-Mansijsk)	B	Johansen 1954
26.	Surgut	B	Johansen 1954
27.	Larjak (Wach-Fluß)	Js	Coll. Zool. Inst. Leningrad (Portenko brfl. 1957)
28.	Mündung der Steinigen Tunguska	Js	Coll. Zool. Inst. Leningrad (Portenko brfl. 1957)
29.	Jenisejsk	Bc	Tugarinow u. Buturlin 1911
30.	Zoogeogr. Bezirk Kirensk ↓	B	Tugarinow 1927
31.	Usolje	Ns	Taczanowski 1891
32.	Südabhang des Chamar-Daban	A	Coll. Zool. Inst. Leningrad (Portenko brfl. 1957)
33.	Tschita	AJs	Stegmann 1929
34.	Quellgebiet des Kerulen (VIII)	As	Kozlowa-Puschkarewa 1933
35.	Kjachta	As	Lönnberg 1909
36.	Mündung des Egin-gol (Selenga)	As	Coll. Zool. Inst. Leningrad (Portenko brfl. 1957)
37.	Flüsse Ider u. Schurugin-Gol (= Schiregin-Gol) (14. VIII.)	Jc	Kozlowa 1932
38.	Tal des Tesj u. Ubsu-Nur	Jc	Tugarinow 1916
39.	Kuraj-Steppe (10. VIII.)	A	Suschkin 1938
40.	Kara-Irtysch (Zaisan-See)	Bs	Chachlow 1928
o	Westl. Tarbagatai	B	Suschkin 1938
41.	Bachty (= Buchty) ↓	Bc	Zarudnyj u. Korejew 1906
o	E Dshungar. Alatau	A	Schnitnikow 1949
42.	Tyschkan-Tau (5. VIII.) ↓	Bs	Zarudnyj u. Korejew 1906
43.	Tschamyndy (Moldotau-Geb.)	AJ	Schnitnikow 1949
44.	Fergana	Aa	Coll. Zool. Inst. Leningrad (Portenko brfl. 1957)
o	Darwaz	A	Zarudnyj 1926
45.	Ruschan	AJs	Zarudnyj 1926
46.	Gilgit	Bc	Scully 1881
47.	Hariab-Tal	Nc	Wardlaw-Ramsay 1880
48.	Ziarat (= Siaret)	Na	Meinertzhagen 1920
49.	Bampur (7. VIII.)	A	Zarudnyj 1903
50.	Shiraz (Mitte V)	Ac	Witherby 1903
51.	Sadat	Ns	Witherby 1903
52.	Burudjird (15. VII.)	A	Coll. Nat. Hist. Mus. Chicago (Traylor brfl. 1957)
53.	Amara	As	Ticehurst 1922
54.	Abu Ghraib	As	Schüz 1957
55.	Ser Amadia	As	Chapman u. McGeogh 1956
56.	Erzerum	B	McGregor 1917
57.	Mt. Hermon	A	Phillips 1915
58.	Sârôna	Bc	Meir Zeira brfl. 1957
59.	Cypern	Bs	Bucknill 1910, Bannerman 1958
60.	Rhodos	Na	v. Wettstein 1938
61.	Kreta	Nc	Meinertzhagen 1921
62.	Taygetos	As	Reiser 1905
63.	Ficuzza	A	Krampitz 1956
64.	Sfax (23. VII.)	J	Lavauden 1924
65.	Batna	A	Koenig 1895
66.	Aïn Aïssa	Bs	Heim de Balsac 1928
67.	Azılal	A	Lynes 1933

Anmerkungen

Zu P. 19:

Inzwischen wurde bekannt (Spangenberg u. Leonowitsch 1958), daß *striata* bis an die Winterküste vorkommt (Na an der Zolotica und bei Zjomsha NE Mezenj).

Zu P. 21:

Sehr wahrscheinlich liegt dieses Vorkommen südlich der wahren Grenze.

Zu P. 30:

Die unbestimmten Angaben Tugarinows (1927) lassen eine Beurteilung der tatsächlichen Verbreitung in Mittelsibirien nicht zu.

Zu P. 41 u. 42:

Wahrscheinlich verläuft die Grenze in der angegebenen Weise, doch sind die Angaben der älteren Autoren nicht immer voll beweiskräftig, da sie Mai- und Augustdaten (die Zug betreffen können) meist unbedenklich zur Brutzeit rechneten. Vgl. hierzu Schnitnikow (1949).

Zu P. 54:

Schüz sah hier einzelne Ex. Anfang Juni; Ticehurst (1922) erwähnt Verweilen bis zur 2. Juniwoche in Amara. Vielleicht Spätdurchzügler; Brut nicht erwiesen.

LITERATUR

Andrejew u. Bianchi 1910 — Ann. Mus. Zool. Pétrograd 15, 251.
Bannerman 1953 — Birds Brit. Isles. London. 2, 264.
Bannerman 1958 — Birds Cyprus. Edinburgh—London. 81.
Bernhoft-Osa 1923 — Mitt. Vogelw. 22, 43.
Bucknill 1910 — Ibis (9)4, 1.
Chachlow 1928 — Izw. Tomsk. Uniw. 81, 75.
Chapin 1953 — Birds Belg. Congo. New York. 3, 643.
Chapman u. McGeogh 1956 — Ibis 98, 592.
Collett 1872 — Forh. Vid.-Selsk. Christiania, 198.
Collett 1877 — Nyt Mag. Naturv. 23, 113.
Creutz 1941 — Vogelzug 12, 7.
Dmochowskij 1933 — Bull. Soc. Nat. Moscou 42, 232.
Dunajewski 1939 — Acta orn. Warsz. 2, 529—560.
Finsch 1880 — Verh. Zool.-Bot. Ges. Wien 29/2, 187.
Goebel 1902 — Trav. Soc. Nat. St.-Pétersb. 33/2, 112.
Hartert 1923 — Novit. Zool. 30, 103.
Heim de Balsac 1928 — Rev. franç. Orn. 12, 236.
Irby 1883 — Ibis (5)1, 182.
Johansen 1954 — J. Orn. 95, 65.
Kennedy et alii 1954 — Birds Ireland. London. 371.
Koenig 1895 — J. Orn. 43, 230.
Kozlowa 1932 — Trudy Mongolsk. Komiss 3, 75.
Kozlowa-Puschkarewa 1933 — Trudy Mongolsk. Komiss. 10, 38.
Krampitz 1956 — J. Orn. 97, 321.
Kumerloeve 1958 — Vogelwelt 79, 111—112.
Lack 1943 — Ibis 85, 21.
Lavauden 1924 — Oiseaux Tunisie. Paris. 87.
Lebeurier u. Rapine 1934 — L'Oiseau 4, 469.

Lönnberg 1909 Ark. Zool. 5/9, 21.
Lynes 1925 Mém. Soc. Sci. Nat. Maroc 13, 46.
Lynes 1933 Mém. Soc. Sci. Nat. Maroc 36, 41.
McGregor 1917 Ibis (10)5, 18.
Meinertzhagen 1920 Ibis (11)2, 152.
Meinertzhagen 1921 Ibis (11)3, 132.
Nowikow 1952 Trudy Zool. Inst. Akad. nauk SSSR 9/4, 1145.
Ottow 1949 Ornis Fenn. 26, 103.
Parowschtschikow 1941 Priroda i Soc. Choz. 8/2, 357.
Phillips 1915 Auk 32, 283.
Reiser 1095 Ornis Balcan. Wien. 3, 269.
Rezcow 1904 Mat. Fauna Flora Ross. 6, 180.
Schnitnikow 1949 Pticy Semiretschja. Moskwa—Leningrad. 481.
Schostak 1921 Anz. Tomsk. Orn. Ver. 1, 107.
Schüz 1957 Vogelwelt 78, 80.
Scully 1881 Ibis (4)5, 437.
Sokolow 1941 Ornitofauna bass. Suchony. MS. 153.
Stegmann 1929 Ann. Mus. Zool. Leningrad 29, 224.
Suschkin 1938 Birds Soviet Altai. Moskwa—Leningr. 2, 148.
Taczanowski 1891 Mém. Acad. Sci. St.-Pétersb. (7)39, 465.
Tait 1924 Birds Portugal. London. 73.
Teplowa 1957 Trudy Petsch.-Ilytsch. Zapow. 6, 94.
Ticehurst 1922 J. Bombay Nat. Hist. Soc. 28, 271.
Tugarinow 1916 Messag. orn. 7, 90.
Tugarinow 1927 Mem. Middle Siber. Geogr. Soc. 1, 22.
Tugarinow u Buturlin 1911 Mat. Vögel Jenisseisch. Gouv. Krasnojarsk. 78.
Wardlaw-Ramsay 1880 Ibis (4)4, 53.
v. Wettstein 1938 J. Orn. 86, 20.
Witherby 1903 Ibis (8)3, 552.
Zarudnyj 1903 Oiseaux Perse Orient. St.-Pétersb. 363.
Zarudnyj 1926 Bull. Soc. Nat. Moscou 35, 255.
Zarudnyj u. Korejew 1906 Mat. Fauna Flora Ross. 7, 229.

Briefliche Auskünfte erteilten Kroneisl (Jugoslawien), Kumerloeve (Kleinasien), Meir Zeira (Israel), Traylor und Vaurie (Persien); Überprüfung der Karte durch Johansen (Westsibirien) und Portenko (Sowjetunion).

Muscicapa striata (Pallas)

Grauschnäpper

Verwandtschaft

Ein sehr naher (stumpfflügliger) Verwandter von *Muscicapa striata*, *Muscicapa gambagae* Alexander, bewohnt die Baumsteppen des nördlichen Afrika südlich der Sahara. Manche halten ihn für die seßhaft gebliebene „Stammart“ unseres Grauschnäppers. Viel weiter abseits stehen die ostasiatischen Arten *M. sibirica*, *M. griseisticta*, *M. latirostris*; ferner die südasiatischen Arten *M. muttui*, *M. ruficauda*, *M. ferruginea*.

Gliederung

Die geographische Variation ist sehr geringfügig. Zur Nominatrasse gehören die europäischen und nordafrikanischen Grauschnäpper (Ausnahme: Balearen). Alle Brutvögel Asiens werden zu der meist etwas blasseren Rasse *neumanni* Poche gerechnet; weitere aus diesem Bereich beschriebene Rassen sind wohl mit ihr identisch oder stehen ihr sehr nahe. Auf der Oberseite noch blasser ist *M. str. balearica* v. Jordans, beschränkt auf die Balearen.

Zur Verbreitung

Da Afrika das allen Grauschnäppern gemeinsame Winterquartier ist, mag das postglaziale Ausbreitungszentrum nahe dem Mittelmeer und Schwarzen Meer gelegen haben.

Über die Verbreitung in Anatolien vgl. Kumerloeve (1958). Versuch einer Karte der gesamten Verbreitung bei Dunajewski (1939).

Oekologie

In seinem ganzen Verbreitungsgebiet bevorzugt der Grauschnäpper sehr lichte Waldungen, besonders deren Ränder, und offenes Gelände mit wenigstens einzelnen Bäumen. Er nistet in natürlichen oder künstlichen Höhlen mit weitem Eingang (Halbhöhlen), nicht selten auch im Stammausschlag oder in Astgabeln, benutzt also vielerlei Nistgelegenheiten. In den nördlichen Breiten gibt er zur Brutzeit den warmen, tieferen Lagen den Vorzug, nahe der Südgrenze seiner Verbreitung dagegen nistet er auch oder nur im höheren Gebirge, so in Gilgit und Afghanistan bis über 2500 m hoch.

Wanderungen

Zugvogel. Überwintert in Afrika, und zwar in der Mehrzahl in den Savannenwäldern südlich des Aequators, südwärts bis zur Kap-Provinz. Zahlreichen Ringfunden nach zu urteilen steuern die europäischen Zugvögel das Winterquartier auf zwei deutlich verschieden gerichteten Bahnen an. Die verhältnismäßig scharfe Trennungslinie zwischen beiden Populationen bildet der 12° E. Alle westlich davon wohnenden Populationen ziehen über die Iberische Halbinsel und Marokko nach West-Afrika. Die Brutvögel der östlich von 14° E gelegenen europäischen Gebiete dagegen ziehen ± genau nach SSE und gelangen so über Italien und die Balkanländer zunächst nach Libyen und Aegypten. Im Zwischenstreifen scheinen sie in der Regel nach S zu ziehen (Creutz 1941).

Wenige überwintern schon nördlich des großen Waldgebietes und vielleicht auch in Kenya. Die Hauptmenge aber wandert weiter bis ins südliche Kongo-Gebiet, Angola, SW-Afrika, Nyasaland, Rhodesia, einige bis zur Kap-Provinz. Die asiatischen Brutvögel begeben sich wohl allesamt über Syrien oder Arabien nach Ost-Afrika. Vermutlich teilen die Großpopulationen das afrikanische Wintergebiet ± säuberlich unter sich auf, wobei die nördlichsten am weitesten nach Süden vordringen.

Ringfunde: Von Finnland nach dem Swaziland (18. XII.), 9750 km S, nach Johannesburg (15. I.), 10020 km S, und nach dem Pondoland (26. II.), 10560 km S; von Deutschland (1 Fund) und Schweden (3 Funde) nach Belgisch-Kongo; von der Schweiz und West-Deutschland auf dem Durchzug (30. IX., 17. X.) in Nigeria.

Im Winterquartier wird der Grauschnäpper stets einzeln angetroffen, nie gesellig. Oekologie dort wie im Brutgebiet; hält sich in Süd-Afrika gern an die Nähe von Häusern.

Aufbruch zum Frühjahrszug im März und April (Chapin fand den letzten in Belgisch-Kongo am 11. IV.), Durchzug durch die Sahara und an der afrikanischen Mittelmeerküste von Mitte April bis Ende Mai (sehr selten noch später). Ankunft der ersten an den südlichsten europäischen Brutplätzen um Mitte April, in Lappland Ende Mai bis Anfang Juni (Stresemann 1948, Vår Fågelvärld 7, p. 8), bei Tomsk und Minussinsk um Mitte Mai.

Der Abzug von den Brutgebieten beginnt im August und währt bis Mitte September, selten später. Am Nordrand des Wintergebiets (Kenya, Belgisch-Kongo) erscheinen die ersten nach dem 20. September, in Nord-Rhodesia (wo sie im Februar am häufigsten sind) Ende Oktober (Winterbottom, Ostrich 27, p. 139), in SW-Afrika nach 10. November.

Muscicapa hypoleuca Pallas

bearbeitet von

G. EBER

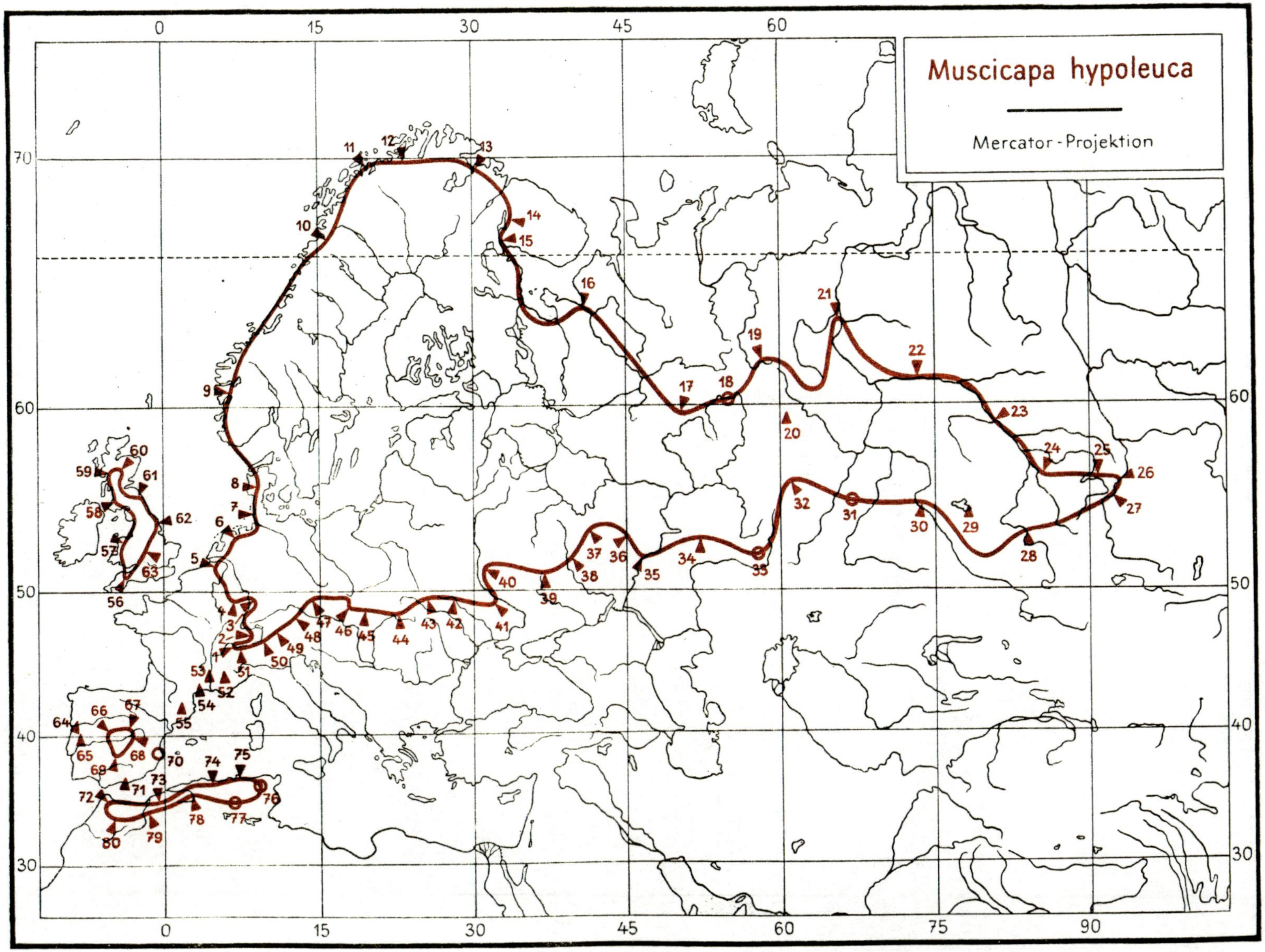

Muscicapa hypoleuca
Mercator-Projektion

FUNDORTLISTE

1.	Bonneville	Ac	Meylan 1933
2.	zw. Luzern u. Wollhusen	A	Wüst 1954
o	Oensingen (1930)	Ba	Riggenbach 1945
o	Alschwil (ca. 1925)	Na	Riggenbach 1945
3.	Schwetzingen	Nc	Löhrl brfl. 1957
4.	Völklingen (Saar)	Nc	le Roi 1912
o	Liége (= Lüttich)	B	Verheyen 1947
5.	Anvers (= Antwerpen)	B	Verheyen 1947
6.	Harendermolen (Groningen)	Ns	Brouwer 1929
7.	Süderoog (1929)	Ns	Beckmann 1951
8.	Høgildgaard b. Herning	Js	Overgaard 1937
9.	Voss	Nc	Bernhoft-Osa 1923
10.	Saltdalen	B	Løvenskiold 1947, Collett 1868
11.	Maalselv-Tal (Tromsö)	As	Collett 1872
12.	Alta	A	Løvenskiold 1947
13.	Pasvigelv (Syd-Varanger)	A	Collett 1877
14.	Chibiny-Gebirge (= Umptek)	Js	Schibanow 1927
15.	Kandalakscha	Bs	Blagosklonow 1954
16.	Archangelsk ↓	Bs	Parowschtschikow 1941
17.	Sinegorje (Bez. Kirow)	Ac	Plesskij 1927
18.	N Prikamje (= Kama-Gegend)	As	Woroncow 1949
19.	Petschora-Ilytsch-Reserv.	As	Teplowa 1957
20.	Kakwa-Mündung (Sosjwa) ↓	Nc	Rezcow 1904
21.	Berezowo	As	Derjugin 1898
22.	Surgut	B	Johansen 1954
23.	Wasjugan (Narym-Gebiet)	B	Johansen 1954
24.	Tomsk	Ns	Johansen 1911
25.	Atschinsk	Bs	Tugarinow 1927
26.	Krasnojarsk	Ns	Judin 1952
27.	Sisim-Mündung (Jenisej)	As	Suschkin 1914
o	Tschumysch	Js	Dunajewski 1938
28.	Barnaul	Bc	Welishanin 1929
29.	Sartlan-See ↓	Bc	Johansen 1954
—	Tschany-See	A	Lawrow 1929
30.	Omsk	As	Finsch 1880; Lawrow 1925
31.	S Gouv. Tobolsk	Nc	Slowcow 1892
32.	Sinara-See	Aa	Woltschaneckij 1928
o	Kischtym	Aa	Sabanejew 1874
33.	Schajtan-Tau (S Ural)	Nc	Kirikow 1952
34.	Buzuluk	Nc	Karamzin 1901
35.	Saratow	A	Woltschaneckij 1924
36.	Penza	Bc	Artobolewskij 1923
37.	Morschansk	Ac	Rezcow 1910
38.	Woronesher Naturschutzgeb.	Bc	Barabasch-Nikiforow u. Pawlowskij 1948
39.	Woltschansk	As	Somow 1897
o	Kreis Sumy	B	Woltschaneckij 1950
40.	Kozelec	B	Gawrilenko 1929
o	Kiew	Bc	Scharleman 1915
o	Tscherkassy	Bs	Orlow 1948
41.	Tschjornyj Les (Ingul-Quelle)	B	Schewtschenko 1940
42.	S Litin (Bez. Winnica)	Bc	Gerchner 1928
43.	Sarnki gorne (12. V.)	As	Schelcher 1919
44.	Beregowo (= Beregszász)	Bc	Kistjakowskij 1950
45.	Plachtince (b. Dĕtva ?)	B	Ferianc 1941
46.	Sucha-Trnava	Ns	Hanzák brfl. 1957
o	Zlin (= Gottwaldov)	Bc	Balthasar 1949
o	Mohelno	As	Kux et alii 1955
47.	Pisek	Ns	Hanzák brfl. 1957
48.	Chieming	Ns	Wüst (fide Grimmer) brfl. 1957
49.	Ötztal	Ns	Beckmann 1943
50.	Churer Rheintal	Na	Corti 1947
o	Sion	Ns	Meylan 1933
51.	Val de Bagnes	As	Rothé 1930
52.	Valbonnais (Isère) ↓	Ns	Laferrère 1951
53.	Dorne-Tal (Ardèche)	Ns	Meylan 1933
54.	Florac	Na	Meylan 1933
55.	Ax ↓	As	Clarke 1889
56.	Chagford (Devon)	Ns	Campbell 1954
o	Oberes Towy-Tal (Carmarth.) (1895	Ba	Ingram u. Salmon 1954 cf. Campbell 1954
57.	Snowdon-Hills (Carnarv.) (1900)	Ba	Campbell 1954
o	Seen in Cumberland (1783)	Ba	Campbell 1954
58.	Barr (Ayr) (1946)	Bs	Campbell 1954
o	Loch Tay (Perth) (1950)	Ns	Mackenzie 1950 fide Campbell 1954
59.	Loch Sunart (Argyll) (1950)	Ns	Campbell 1951 fide Campbell 1954
60.	Strath Spey (Invern.) (1868)	Ns	Campbell 1954
61.	Coldstream (Berwick) (1923)	Nc	Campbell 1954
62.	Forge valley (Scarborough)	Bac	Campbell 1954
63.	Lickey Hills (Worc.) (1949)	Bs	Campbell 1954

M. h. iberiae Bonaparte

64.	Ave-Fluß (Douro)	As	Reis 1931
65.	Manteigas (Serra da Estrella)	Bs	Witherby 1921
66.	Linares de Riofrio	As	v. Jordans u. Steinbacher 1942
67.	Montejo (Somosierra)	As	Bernis 1955
68.	Aranjuez	B	Saunders 1871
69.	Fuencaliente (Sierra Morena)	Bs	Bernis 1955
70.	Valencia	Aa	Deetjen 1955
71.	Granada	Ns	Jourdain 1937

M. h. speculigera Witherby

72.	Tazarut	Na	Lynes 1924
73.	Tlemcen	Nc	Snow 1952
74.	Bougie	Ac	Snow 1952
75.	Bugeaud (Bône)	B	Payn 1948
76.	Khroumirie	B	Lavauden 1924
77.	Djebel Aurès	Nc	Snow 1952
78.	Boghar	N	Heim de Balsac brfl. 1957
79.	Gaada de Debdou	Bc	Brosset 1956
80.	Asru (= Azrou)	Nc	Lynes 1920

Anmerkungen

Zu P. 16:

Auch für den Trauerschnäpper gilt das in Anm. zu P. 19 bei *M. striata* Gesagte.

Zu P. 20:

In den Bergwäldern des Ural brütet *hypoleuca* bestenfalls höchst vereinzelt; Sabanejew (1874) erbeutete ihn (auf dem Zuge ?) noch einzeln an den Flüssen Byja und Wagran (ca. 60° N).

Zu P. 29:

Nach Johansen (1954) ist er auch in den intrazonalen Kiefernwäldern südlich davon heimisch.

Zu P. 52:

Vielleicht bewohnt der Trauerschnäpper diese unübersichtlichen Gebirgsgegenden doch häufiger als man glaubte; so fand ihn Laferrère (1951) am 6. V. auch bei Abbaye de Tamié.

Zu P. 55:

Clarke fand dort bei 900 m ein Paar am 14. V. „evidently nestbuilding“, sah 1 Ex. im Buchenwald bei 1500 m und erlegte Trauerschnäpper in der zweiten Maihälfte zwischen Andorra und Escaldas in 1100 m Höhe.

LITERATUR

Artobolewskij 1923 Bull. Soc. Nat. Moscou 32, 193.
Balthasar 1949 Sylvia 11—12, 13.
Bannerman 1936 Birds Trop. West Africa. London. 4, 208.
Barabasch-Nikiforow u. Pawlowskij 1948 Trudy Woronesh. zapow. 2, 89.
Beckmann 1943 Orn. Mber. 51, 89.
Beckmann 1951 Vogelw. Schl.-Holst. Neumünster. 43.
Bernhoft-Osa 1923 Mitt. Vogelw. 22, 44.
Bernis 1955 Acta XI. Congr. Int. Orn. 1954. Basel. 423.
Blagosklonow 1954 Pticy Sow. Sojuza. Moskwa. 6, 92.
Brosset 1956 Alauda 24, 191.
Brouwer 1929 Ardea 18, 23.
Campbell 1954 Bird Study 1, 87—97.
Chapin 1953 Birds Belg. Congo. New York. 3, 645.
Clarke 1889 Ibis (6) 1, 542.
Collett 1868 Forh. Vid.-Selsk. Christiania. 126.
Collett 1872 Forh. Vid.-Selsk. Christiania. 198.
Collett 1877 Nyt Mag. Naturv. 23, 112.
Corti 1947 Führer Vogelw. Graubündens. Chur. 329.
Deetjen 1955 Ardeola 2, 17.
Derjugin 1898 Trav. Soc. Nat. St.-Pétersb. 29/2, 101.
Drost u. Schilling 1940 Vogelzug 11, 71—85.
Dunajewski 1938 Acta orn. Warsz. 2, 419.
Ferianc 1941 Avif. Slovenska. Bratislava. 17.
Finsch 1880 Verh. Zool.-Bot. Ges. Wien 29, 187.
Gawrilenko 1929 Birds Governm. Poltava. Poltava. 94.
Gerchner 1928 Trav. Mus. Zool. Acad. Sci. Ukraine, Cl. Phys. Math. 6, 362.
Haverschmidt 1942 Nederl. Broedv. Leiden. 101.
Johansen 1954 J. Orn. 95, 68.
Johansen 1911 Orn. Jb. 22, 222.
v. Jordans u. Steinbacher 1942 Ann. Nat.-hist. Mus. Wien 52, 222.
Jourdain 1937 Ibis (14) 1, 124.
Judin 1952 Trudy Zool. Inst. Akad. nauk SSSR, 94, 1039.
Karamzin 1901 Mat. Fauna Flora Ross. 5, 312.
Kirikow 1952 Pticy i mlek. jushn. Urala. Moskwa. 224.
Kistjakowskij 1950 Trudy Zool. Inst. Akàd. nauk USSR 4, 32.
Kux et alii 1955 Acta Mus. Moraviae 40, 194.
Laferrère 1951 Alauda 19, 229.
Lavauden 1924 Oiseaux Tunisie. Paris. 88.
Lawrow 1925 Trudy Sib. Sel.-Choz. Akad. 4, 6.
Lawrow 1929 Trudy Sib. Inst. Sel.-Choz. 13, 31.
Løvenskiold 1947 Handb. Norges Fugler. Oslo. 210.
Lynes 1920 Ibis (11) 2, 294.
Lynes 1924 Novit. Zool. 31, 75.
Merikallio 1958 Finnish Birds. Helsinki. 132.
Meylan 1933 Arch. suisses Orn. 1, 103.
Moore u. Boswell 1957 Iraq Nat. Hist. Mus. Publ. 12, 216.
Orlow 1948 Zap. Tscherkass. Ped. Inst. 2/2, 105.
Overgaard 1937 Danske Fugle 4, 145.
Parowschtschikow 1941 Priroda i Soc. Choz. 8/2, 362.
Payn 1948 Ibis 90, 10.
Plesskij 1927 Trudy Wjatsk. Muz. 1, 37.
Polatzek 1909 Orn. Jb. 20, 122.
Reis 1931 Cat. sist. aves Portugal. Pôrto. 88.
Rezcow 1904 Mat. Fauna Flora Ross. 6, 179.
Rezcow 1910 Mat. Fauna Flora Ross. 10, 255.
Riggenbach 1945 Orn. Beob. 42, 68.
le Roi 1912 Verh. Nat. Ver. Rheinl. Westf. 69, ?
Rothé 1930 Nos Oiseaux 10, 157.
Sabanejew 1874 Pozwon. sredn. Urala Moskwa. 104.
Saez-Royuela 1953 Broteria 22, 66—77.
Saunders 1871 Ibis (3) 1, 206.
Scharleman 1915 Orn. et Avicult. 6/2—3, 33.
Schelcher 1919 Verh. Orn Ges. Bayern 14, 15.
Schewtschenko 1940 Proc. Zool. Inst. Kharkov Univ., ecol. 8—9, 133.
Schibanow 1927 Mém. Zool. Soc. Nat., Anthr. Ethn. 3, 24.
Schiermann 1930 J. Orn. 78, 144.
Slowcow 1892 Mat. Fauna Flora Ross. 1, 253.
Snow 1952 Ibis 94, 481—484.
Somow 1897 Faune orn. gouv. Kharkov. Charkow. 143.
Spangenberg u. Leonowitsch 1958 Probl. Sewera 2, 201.
Stresemann 1943 J. Orn. 91, 459; 481.
Suschkin 1914 Mat. Fauna Flora Ross. 13, 277.
Teplowa 1957 Trudy Petsch.-Ilytsch. Zapow. 6, 94.
Tischler 1942 Orn. Mber. 50, 125.
Tugarinow 1927 Mem. Middle Siber. Geogr. Soc. 1, 27.
Verheyen 1947 Passereaux Belgique. Bruxelles. 2, 152.
Weigold 1912 J. Orn. 60, 388.
Welishanin 1929 Uragus 1, 13.
Witherby 1921 Ibis (11) 3, 69.
Woltschaneckij 1924 Izw. Nishne-Wolsh. Ob. Krajewed., 1.
Woltschaneckij 1928 Zap. Ural. Ob. Jestjestw. 40/2, 41.
Woltschaneckij 1950 Trudy Inst. Biol. Charkow. Uniw. 14—15, 200.
Woroncow 1949 Pticy Kamsk. Priuralja. Gorjki. 81.
Wüst 1954 Anz. Orn. Ges. Bayern 4, 121.

Briefliche Auskünfte erteilten: Edelstam und Schewarjowa (Wanderungen), Hanzák (ČSR), Keve (Ungarn), Kroneisl (Jugoslawien), Lundevall (Schweden), Puzanow (Krim), Salomonsen (Dänemark) und Wüst (Bayern); Überprüfung der Karte durch Heim de Balsac (Algerien), Johansen (Westsibirien), Löhrl (Südwestdeutschland) und Portenko (Sowjetunion).

Muscicapa hypoleuca Pallas

Trauerschnäpper

Verwandtschaft

Siehe unter *M. albicollis*.

Gliederung

Die geographische Variation ist nicht beträchtlich. Von dem großen Komplex der übrigen Populationen heben sich nur diejenigen NW-Afrikas und der Iberischen Halbinsel deutlich ab. Am leichtesten unterscheidbar sind die Trauerschnäpper aus Tunesien, Algerien und Marokko. Bei ihnen sind die weißen Abzeichen am Flügel und der weiße Stirnfleck größer und meistens der ganze Schwanz schwarz (*M. h. speculigera* Bonaparte). Der Gesang klang Lynes (1920) sehr verschieden von dem englischer Trauerschnäpper. Die iberischen Populationen (*M. h. iberiae* Witherby) stehen hinsichtlich der Färbung annähernd in der Mitte zwischen *speculigera* und *hypoleuca*, aber etwas näher zu jener.

Die Bewohner des übrigen (europäisch-westsibirischen) Areals lassen sich nicht ohne Zwang unterteilen. Im nördlichen Skandinavien sind alte ♂♂ mit nahezu schwarzer Oberseite häufiger als weiter südlich. Aber es kommen ebenso gefärbte ♂♂ auch in der Schweiz und in England nicht selten vor. Man faßt diese großen Gruppen daher zweckmäßig als *M. h. hypoleuca* zusammen (vgl. dagegen v. Haartman, Acta Zool. Fenn. 1949, p. 67). Die Trauerschnäpper Westsibiriens haben im Mittel etwas längere Flügel als die deutschen (Johansen 1954), was mit ihrem längeren Zugweg zusammenhängen mag.

Zur Verbreitung

Die Lage des Wintergebiets und die Richtung des Herbstzuges lassen darauf schließen, daß das postglaziale Ausbreitungszentrum von *M. h. hypoleuca* im westlichen Mitteleuropa lag, von wo aus sie weit nach Norden und Osten vorgedrungen ist.

Bei ihrer Ausbreitung traf sie auf die ihr nahestehende *M. albicollis*, die nach Westen und Norden vorstieß. Der Vergleich der jetzigen Areale beider Arten lehrt, daß sie stellenweise im gleichen Gebiet vorkommen, die Überlappungszone aber ziemlich schmal ist; ja man gewinnt sogar den Eindruck, daß sie sich trotz leichter Verschiedenheit ihrer oekologischen Ansprüche gegenseitig in der Ausbreitung behindern und in einigen Gebieten für einander vikariieren. Auf der Insel Gotland, einer weit abgelegenen Verbreitungsinsel von *M. albicollis*, brütet *M. hypoleuca* nur ganz vereinzelt, während sie Schweden und Finnland (wo *M. albicollis* fehlt) dicht besiedelt hat.

Meldungen von gelegentlichem Brüten eines einzelnen Paares vor der eingezeichneten Südgrenze (z. B. in West-Ungarn und Nieder-Österreich) blieben bei der Kartierung unberücksichtigt.

Im südwestdeutschen Mittelgebirgsraum tritt der Trauerschnäpper nicht selten, doch vereinzelt als Brutvogel auf. Dagegen wurden (abgesehen von P. 52—54) Einzelvorkommen in Ost-, Zentral- und Südfrankreich, das er anscheinend nur äußerst dünn und unregelmäßig besiedelt, nicht aufgenommen. Nach älteren Angaben soll er auch auf der Krim brüten, doch liegen neuere Beweise nicht vor (Puzanow brfl. 1956).

In England und Schottland erweitert der Vogel rasch sein Areal; die Grenzziehung stützt sich auf Karte 2 bei Campbell (1954).

Es befremdet, daß der Trauerschnäpper in den (Buchen-)Mischwäldern der Pyrenäen zu fehlen scheint und doch gibt es außer bei Clarke (s. Anm. zu P. 55) keinen Hinweis auf Brut. In Spanien und Portugal ist er namentlich in den Gebirgen zwischen 900 und 1500 m in Eichen- und Buchenwäldern sicher weit verbreitet; Nadelwälder scheint er dort zu meiden.

Spezialkarten der Verbreitung in Holland: Haverschmidt (1942); in Finnland: Merikallio (1958).

Oekologie

M. h. hypoleuca brütet in nicht allzu dichten, am liebsten in sehr lichten Wäldern und Hainen der verschiedensten Zusammensetzung. Im gewissen Gegensatz zu *M. albicollis* hält er sich nicht nur an Laub- oder Mischwald, sondern nistet auch tief im hochstämmigen Kiefernwald, ja im Norden sogar im sumpfigen Fichtenwald, wenn er dort Nisthöhlen vorfindet. In der Überlappungszone beider Arten wird die Verschiedenheit ihrer oekologischen Ansprüche deutlich, z. B. im Urwald von Bialowies (Tischler 1942). In vielen Teilen seines Areals ist seine Vermehrung und Ausbreitung dadurch stark gefördert worden, daß man Nistkästen in lichten Wäldern, Parks, Baumreihen und Obstgärten an den Stämmen befestigte. Diesen künstlich geschaffenen Nistgelegenheiten gibt er nun vielerorts den Vorzug vor natürlichen (oder von Spechten geschaffenen) Höhlungen.

Nest in der Regel in Höhlungen mit engem Eingang (in Erlenbrüchen des Spreewaldes aber auch im Gewirr freiliegender Wurzeln dicht über dem Erdboden, Schiermann 1930).

M. h. iberiae verhält sich oekologisch wie *M. h. hypoleuca*. Sie nistet in alten Parks bis zu 500 m (oder noch tiefer), hauptsächlich aber in den Eichen- und Buchenwäldern der Gebirge bis 1500 m hoch (Bernis 1955, Acta Basel p. 423). *M. h. speculigera* wurde von Snow (1952) zur Brutzeit in Eichenwäldern, aber auch im reinen Cedernwald angetroffen.

Wanderungen

Zugvogel (vgl. die Zugkarte). Wintergebiet in den nördlich des Aequators gelegenen Baumsteppen des tropischen West-Afrika, vom Gambia-Fluß bis Nigeria und bis zum Ubangi-Fluß, vielleicht auch ostwärts (spärlich ?) durch das nördliche Grasland von Belgisch-Kongo bis zum Albert-See (Bannerman 1936, Chapin 1953).

Seine Wanderungen zwischen Brut- und Wintergebiet liefern ein gutes Beispiel für die Erscheinung des Schleifenzuges (Stresemann 1943). Aus phaenologischen Daten, in Verbindung mit sehr vielen Rückmeldungen von Ringträgern, ergibt sich, daß die Trauerschnäpper aus dem gesamten europäischen Areal der Rasse *hypoleuca* fast sämtlich über Spanien und vor allem Portugal nach West-Afrika wandern. Verhältnismäßig wenige verfolgen einen etwas östlicheren Kurs, nämlich von Oberitalien oder Südfrankreich über das westliche Mittelmeer (mit den Balearen) nach Algerien. Manche nach Oberitalien geratenen, die also zu weit im Osten abbogen, scheinen später ihren Kurs zu berichtigen, zu urteilen nach einem Ringträger, der am 28. 8. 1932 auf dem Durchzug im Bezirk Varese (Italien) beringt, am 14. 10. 1933 aber in Portugal erlegt wurde (Saez-Royuela 1953).

In NW-Afrika angelangt, vermeiden die Trauerschnäpper offenbar die Durchquerung der westlichen Sahara (man hat sie nämlich dort noch niemals angetroffen) und folgen statt dessen der westafrikanischen Küste nach Süden. Einige erscheinen dann alljährlich auf Lanzarote, der östlichen Insel der Kanarengruppe, wo sie nach Polatzek (1909) ein regelmäßiger Passant ist. Am 14. Oktober 1904 sah dieser Gewährsmann auf den Bäumen um Haria auf Lanzarote sogar mehrere hundert Trauerschnäpper.

Ungewiß ist, ob die relativ wenigen Brutvögel West-Sibiriens den gleichen Zugweg einhalten wie die russischen, oder ob sie eine direktere Route einschlagen.

Im Frühjahr kürzen die östlichen Populationen den Weg erheblich ab. Der Trauerschnäpper ist nämlich im Frühjahr häufig in Oberägypten, erscheint bald danach auch in Unterägypten und wird im April als Durchzügler auf Kreta, Cypern, in Palästina, im Libanon und im Irak (Weigold 1912, Moore und Boswell 1957, p. 216) angetroffen. Auch die mitteleuropäischen Brutvögel verfolgen teilweise einen kürzeren Weg: Zurück über das westliche Mittelmeer, oder das Tyrrhenische Meer oder Sizilien und Italien. Nur die westlichsten Populationen halten im Frühjahr die gleiche Route inne wie im Herbst, indem sie durch die westlichste Sahara und weiter über Marokko und die Iberische Halbinsel ziehen. „Im Frühjahr trennen sich also die Zugbahnen der östlich beheimateten Trauerschnäpper schon an der Wurzel von denen der westlich beheimateten, und die Zugschleife wird um so größer, je weiter das Brutgebiet im Osten liegt" (Stresemann 1943).

Ringfunde im Frühjahr: 1935 beringt in Dessau, am 3. 5. 1939 erbeutet auf der Insel Ischia (Drost und Schilling 1940, p. 73); beringt als pull. 11. 6. 1956 Kreis Freital bei Dresden, gefangen 13. 4. 1957 auf der Insel Capri (C. Edelstam brfl.); beringt als pull. 4. Juli 1954 im Mordow-Naturschutzgebiet (54° 42′ N, 43°10′ E), 1. 5. 1955 erlegt in Sizilien (Riv. Ital. Orn. 28, p. 52 und T. Schewarjowa brfl.), aber: 1954 beringt bei Frankfurt a. M., 10. 4. 1955 erlegt bei Casablanca (Luscinia 29).

Ankunft am Brutplatz in Mitteldeutschland von der 2. Aprilhälfte, in Tomsk von der 1. Maihälfte, im russ. Lappland von der 2. Maihälfte ab. — Abzug in Mitteldeutschland von Ende Juli ab, meist im August; bei Tomsk im letzten August-Drittel.

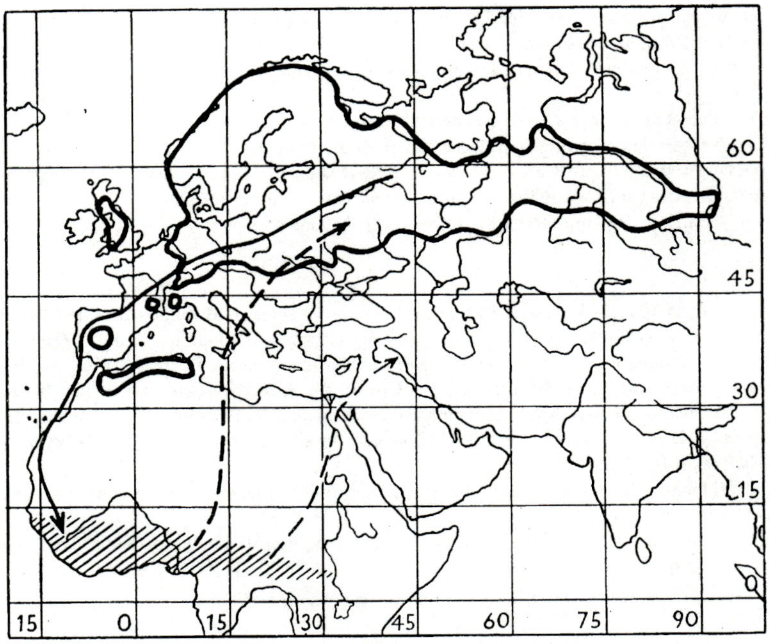

Brutgebiete und (schraffiert) Winterquartier von *Muscicapa hypoleuca*. Der ausgezogene Pfeil zeigt die Richtung des Herbstzuges an, die unterbrochen gezeichneten Pfeile verdeutlichen den abgekürzten Zugweg im Frühjahr; die dickere Linie bezeichnet die stärker beflogene Route.

Muscicapa albicollis Temminck

und

Muscicapa semitorquata Homeyer

bearbeitet von

G. MAUERSBERGER und L. A. PORTENKO

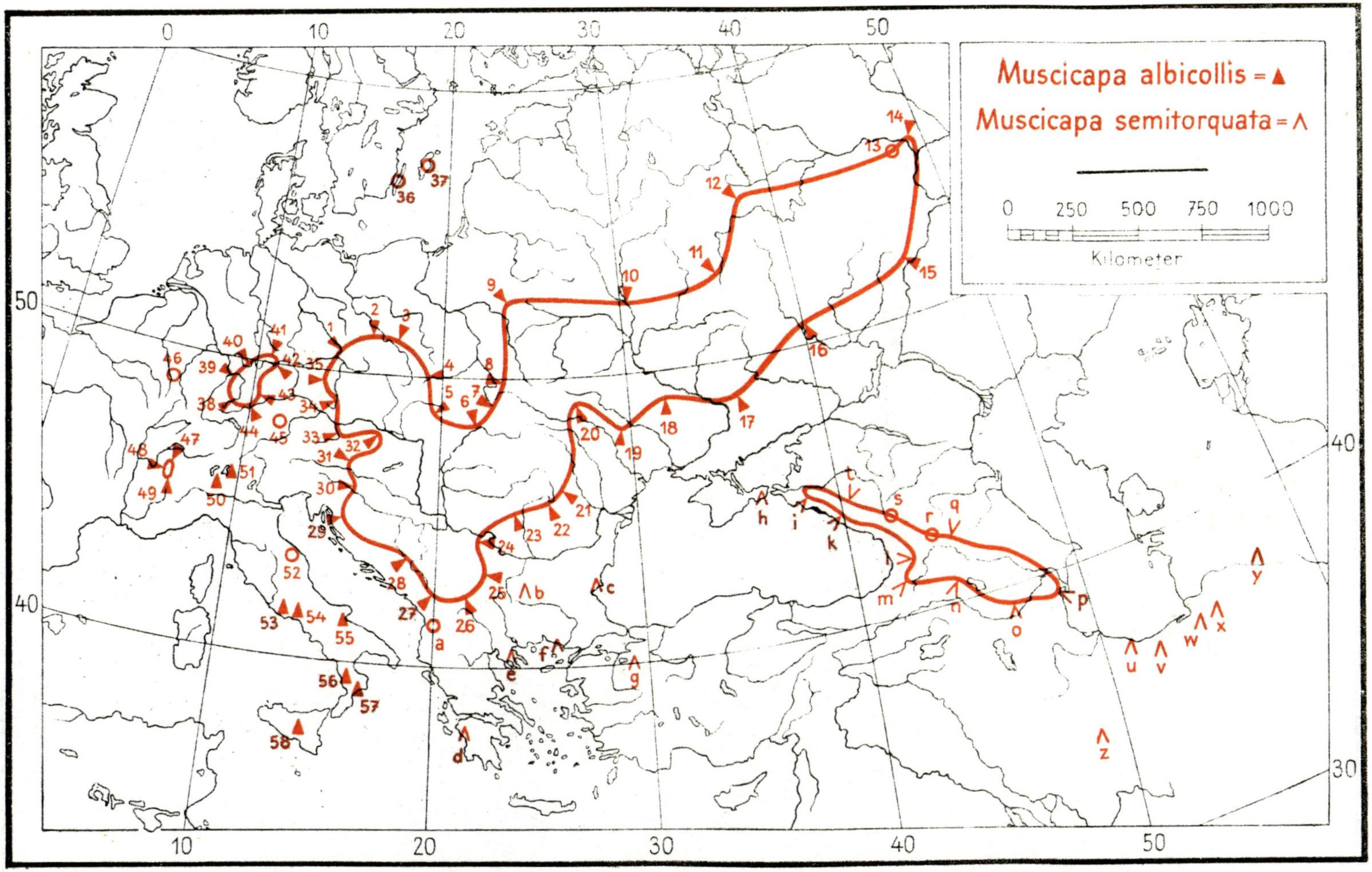
Muscicapa albicollis = ▲
Muscicapa semitorquata = Λ
0 250 500 750 1000
Kilometer

FUNDORTLISTE

für *Musicapa albicollis*

1.	Podmokly	As	MICHEL 1929
2.	Suckau b. Glogau	As	HARTMANN 1922
3.	Gimmel b. Öls	Ns	KIRSTE u. SCHLOTT 1930
4.	Oswięcim	Ba	GODYŃ 1935
5.	Bacuch	A	HANZÁK 1954
6.	Satoralja-Ujhely	As	WARGA 1930
7.	Peretschin	Js	PORTENKO 1950
8.	Lwów	Ac	MYCZIŃSKY 1936
9.	Bialowies	Na	ZIMMERMANN 1923
10.	Retschica	Bc	FEDJUSCHIN 1954
11.	Orel	As	JEFIMOW 1915
12.	Kamkino b. Podolsk	Ns	POLJAKOW 1924
13.	Tschuwaschische ASSR	Ba	PERSCHAKOW 1932
14.	Kazanj	As	PERSCHAKOW 1929
15.	Saratow	B	DOMANIEWSKI 1916
16.	Pawlowsk	Ac	OGNJOW u. WOROBJOW 1924
17.	Pawlograd	Bsa	BOROWIKOW 1907
18.	Tschjornyj Les (N Kirowogr.)	B	SCHEWTSCHENKO 1940
19.	Balta	Bsa	PORTENKO 1928
20.	W Nowaja Uschica	Aa	MICHALOWSKIJ 1892
21.	Tg. Săcuesc (= Kézdi-Vásárhely)	Aa	JACOBI brfl. 1957
22.	Kronstadt (= Stalin)	Aa	JACOBI brfl. 1957
23.	W Zibins-Gebirge	A	ZIMMERMANN 1920
24.	Sajetschar	B	MATVEJEV 1950
25.	Suva Planina	B	MATVEJEV 1950
26.	Brasda (N Üsküb)	A	STRESEMANN 1920
27.	Predelec	A	v. FÜHRER 1901
28.	Sarajevo	As	REISER 1939
29.	Plitvica-Seen	As	RUCNER 1956
30.	Medvednica-Gebirge	Na	KRONEISL 1950
31.	Graz	Ba	BAUER brfl. 1957
32.	Leitha-Gebirge	Ba	BAUER brfl. 1957
33.	Steyr	Nsa	STEINPARZ 1955
34.	Hluboká	Aa	HANZÁK brfl. 1957
35.	Sv. Mikuláš b. Plzen	As	JIRSÍK 1935
36.	Öland	Ns	JENNING 1954; JÄRBÄCK 1955
37.	Gotland	Nc	DURANGO 1939
38.	Rottenburg	Ns	LÖHRL 1951
o	Mühlacker (1952)	Nc	LÖHRL brfl. 1957
39	Hirschhornb. Heidelberg (1947)	Na	LÖHRL brfl. 1957
40.	Rothenbuch (Spessart)	Aa	STADLER 1929
o	Brückenau	Ba	GENGLER 1927b
41.	Coburg	Ns	v. BOETTICHER 1943
42	Bamberg	B	RIES 1915
o	Ebrach (Steigerwald)	Ba	GENGLER 1927a
o	Crailsheim (1954)	Ns	LÖHRL brfl. 1957
43.	Mönchsdeggingen (E Rauhe Wanne)	Ns	WÜST 1934
44.	Ulm (1956)	Ns	LÖHRL brfl. 1957
45.	München u. Umgebung ↓	Nc	PARROT 1895, DIESSELHORST brfl. 1957, WÜST brfl. 1957
46.	Woëvre ↓	Bsa	MAYAUD brfl. 1957
47.	Chamonix	Bs	BAILLY 1853
48.	Albertville	Bs	BAILLY 1853
49.	Maurienne	Bs	BAILLY 1853
50.	Monte Bigorio	Ns	TINNER 1951
51.	Castasegna	As	CORTI 1947
52.	Prov. Urbino	Bs	FALCONIERI DI CARPEGNA 1892
53.	Monti Simbruini	Aa	ALEXANDER 1917
54.	Pescasseroli	Ba	STRESEMANN 1957a
55.	Monte Gargano (19. IV.)	As	NIETHAMMER 1934
56.	Monte Pollino (15. V.)	Ac	STRESEMANN 1957b
57.	La Sila (19. V.)	As	STRESEMANN 1957b
58.	Le Madonie	Ns	KRAMPITZ 1958

Anmerkungen

Zu P. 45:

Neuerdings wird auch die Umgebung Münchens (etwa von Dießen bis Moosburg und von Schleißheim bis Ebersberg) verstreut besiedelt.

Zu P. 46:

Nach SCHNEIDER (1887) soll der Halsbandschnäpper lokal im Elsaß vorkommen; D'HAMONVILLE (1895) fand ein Nest in „Lorraine" und STRESEMANN (1918) traf ein ♂ am 25. IV. in Blâmont.

FUNDORTLISTE

für *Muscicapa semitorquata*

a.	Mamura-Gebirge	Na	TICEHURST u. WHISTLER 1932, WHISTLER 1936
b.	Teteven ↓	Ns	ATANASSOV brfl. 1957
c.	Kamtschyja	Aa	v. JORDANS 1940
d.	Pholoë (Olympia)	As	REISER 1905
e.	Stavros (3. V.)	Aa	BODENSTEIN 1944
—	zw. Saloniki u. Kavalla (17.V.)	As	FLACH brfl. 1957
—	Daphni (SE Nigrita)	Na	CURIO 1959
f.	bei Makri (18. V.)	As	FLACH 1955
g.	Sogukpunar (s. nom. *albicollis*) ↓	Js	v. JORDANS u. STEINBACHER 1948
h.	Opuk ↓	A	FRANK 1950
i.	Pschada	A	PUZANOW 1938
k.	Wardane b. Sotschi	AJa	KUDASCHEW 1917
l.	Alme (Adsharien)	Ja	WILKONSKIJ 1897
m.	Olor (18. VII.)	As	NESTEROW 1911
n.	Berg Aragac	B	DAL 1954
o.	Aza b. Ordubat	A	LAISTER u. SOSNIN 1942
p.	Lirik (Talysch-Bergland)	B	SATUNIN 1907
q.	Aragwa-Tal (s. nom. *atricapilla*)	B	RADDE 1884
r.	Ebene von Surami (s. nom. *atricapilla*)	B	RADDE 1884
s.	„Kaukasus-Gebirge" ↓	Bsa	SATUNIN 1911
t.	Kischa-Fluß (Kaukas. Reserv.)	Ba	AWERIN u. NASIMOWITSCH 1938
u.	Kuramabad	Bsa	STRESEMANN 1928
v.	Teheran	As	BUXTON 1921
w.	Chehardeh (30. VII.)	As	STRESEMANN 1928
x.	Abr (26. VII.)	Ja	PALUDAN 1940
y.	Bagir (Kopet Dagh; 16. III.) ↓	As	ZARUDNYJ u. BILKEWITSCH 1918
z.	Burudjird ↓	Aa	Coll. Amer. Mus. Nat. Hist. (VAURIE brfl. 1957); Coll. Chicago Nat. Hist. Mus. (TRAYLOR brfl. 1957)

Anmerkungen

Zu P. b:

PATEFF (1950) nennt ferner 1 ♂ (mit stark entwickelten Hoden) vom 3. V. bei Kjustendil; s. Kapitel „Zur Verbreitung".

Zu P. g:

DRESSER (1891) erwähnt ein am 6. IV. 1865 von ROBSON bei Ortaköj erlegtes ♂.

Zu P. h:

Von der Krim liegt kein Hinweis auf Brut vor. FRANK (1950) beobachtete Ende April bei Opuk mehrfach einzelne ♂♂. KRÄTZIG (1943) glaubt Ende Mai bei Sewastopol „*semitorquata*" zweimal verhört zu haben.

Zu P. s:

BOEHME (1958) gibt Brut bei Ordshonikidze (= Wladikawkaz) an. Vom möglichen Brüten im östlichen Kaukasus kündet kein Fund; SEREBROWSKIJ (1925) erwähnt nur ein am 9. IV. bei Zakataly erlegtes Stück.

Zu P. y:

2 Ex. Mitte März erlegt, deren Verschiedenheit von *semitorquata* zur Aufstellung der Rasse *transcaspia* Zar. u. Bilk. bewog. DEMENTJEW et alii (1955) zählen eine Reihe von Frühjahrsfunden (ab Ende März) auf, die Brutvorkommen im Kopet Dagh wahrscheinlich machen.

Zu P. z:

KOELZ sammelte *semitorquata* ferner im April bei Durud (= Bahrein, SE Burudjird), Shiraz und Ende März („with much enlarged gonads") bei Jahrum (= Djehram) (28° 30' N/53° 27' E). Vielleicht ist die Art in den Bergwäldern des Zagross-Gebietes ein verbreiteter Brutvogel.

LITERATUR

ALEXANDER 1917 — Brit. Birds 11, 82.
AWERIN u. NASIMOWITSCH 1938 — Trans. Caucas. State Reserve 1, 25.
BAILLY 1853 — Ornith. Savoie. Paris—Chambéry. 2, 55.
BODENSTEIN 1944 — Orn. Mber. 52, 116.
BOEHME 1958 — Zap. Sew.-Oset. Ped. Inst. 23, 164.
v. BOETTICHER 1943 — Orn. Mber. 51, 145.
BOROWIKOW 1907 — Sborn. stud. Biol. Nowoross. Uniw. 2, 130.
BUXTON 1921 — J. Bombay Nat. Hist. Soc. 27, 115.
CORTI 1947 — Führer Vogelw. Graubündens. Chur. 330.
CURIO 1959 — J. Orn. 100, 176-209.
DAL 1954 — Shiwotn. Armjansk. SSR. Erewan. 259.
DEMENTJEW et alii 1955 — Zap. Mosk. Uniw. 171, 147.
DOMANIEWSKI 1916 — Trav. Soc. Sci. Varsovie (3. Classe) 18, 107.
DRESSER 1891 — Ibis (6) 3, 363.
DURANGO 1939 — Fauna och Flora 34, 254.
FALCONIERI DI CARPEGNA 1892 — Boll. Soc. Rom. Zool. 1, 112.
FEDJUSCHIN 1954 — Bull. Soc. Nat. Moscou 59/4, 20.
FLACH 1955 — Fauna och Flora 50, 209.
FONTAINE 1954 — Göteborg Mus. Årsskr. 1954, 15.
FRANK 1950 — Bonn. Zool. Beitr. 1, 179.
v. FÜHRER 1901 — Orn. Jb. 12, 52.
GENGLER 1927a — Verh. Orn. Ges. Bayern 17, 144.
GENGLER 1927b — Verh. Orn. Ges. Bayern 17, 456.
GODYŃ 1935 — Acta orn. Warsz. 1, 389.
D'HAMONVILLE 1895 — Mém. Soc. zool. France 8, 249.
HANZÁK 1954 — Ochr. přirody 9, 145.
HARTMANN 1922 — Ber. Ver. Schles. Orn. 8, 78.
HEINRICH 1958 — J. Orn. 99, 420.
JÄRBÄCK 1955 — Vår Fågelv. 14, 185.
JEFIMOW 1915 — Mat. pozn. prirody Orl. gub. 20, 76.
JENNING 1954 — Vår Fågelv. 13, 54.
JIRSÍK 1935 — Jak žijí zvířata. Ostrava. 284.
v. JORDANS 1940 — Mitt. Naturwiss. Inst. Sofia 8, 99.
v. JORDANS u. STEINBACHER 1948 — Senckenbergiana 28, 172.
KIRSTE u. SCHLOTT 1930 — Ber. Ver. Schles. Orn. 16, 54.
KRÄTZIG 1943 — J. Orn. 91, 279.
KRAMPITZ 1958 — J. Orn. 99, 51.
KRONEISL 1950 — Larus 3, 37.
KUDASCHEW 1917 — Messag. orn. 8, 35.
LAISTER u. SOSNIN 1942 — Ornis Armeniaca. Erewan. 321.
LÖHRL 1950 — Orn. Ber. 3, 126—130.
LÖHRL 1951 — Jhefte Ver. Naturk. Württemb. 107, 213.
LYNES 1934 — J. Orn. 82, Sonderh., 76.
MATVEJEV 1950 — Ornithogeogr. Serbica. Beograd. 190.
MICHALOWSKIJ 1892 — Trav. Soc. Nat. St.-Pétersb. 24, 18.
MICHEL 1929 — Heimatk. Elbegau Tetschen
MYCZIŃSKY 1936 — Zool. Polon. 1, 190.
NESTEROW 1911 — Ann. Mus. Zool. Pétrograd 16, 372.
NIETHAMMER 1934 — Rass. faun. 1, 11.
OGNJOW u. WOROBJOW 1924 — Fauna Vertebr. gov. Woronesh. Moskwa. 234.
PALUDAN 1940 — Dan. Sci. Invest. Iran. Copenhagen. 2, 38.
PARROT 1895 — J. Orn. 43, 8.
PATEFF 1950 — Birds Bulgaria. Sofia. 92.
PERSCHAKOW 1929 — Izw. Kazan. Inst. Selsk. Choz. 2, 28.
PERSCHAKOW 1932 — Zap. Kazan. Uniw. 92/5—6, 30.
POLJAKOW 1924 — Fauna Bogorodsk. uj. Mosk. gub. Moskwa. 1,45.
PORTENKO 1928 — Bull. Soc. Nat. Moscou 37, 171.
PORTENKO 1950 — Pamjati Suschkina. Moskwa—Leningr. 349.
PUZANOW 1938 — Trudy Gruzin. Akad. nauk, Zool. 2, 141.
RADDE 1884 — Ornis Caucas. Kassel. 286.
REISER 1905 — Ornis Balcan. Wien. 3, 272.
REISER 1939 — Ornis Balcan. Wien. 1, 155.
RIES 1915 — Ber. Naturf. Ges. Bamberg 22—23, 381.
RUCNER 1956 — Larus 8, 46; 59.
SATUNIN 1907 — Mat. ptic Kawkaz. kraja. Tiflis. 68.
SATUNIN 1911 — Zap. Kawkaz. Geogr. Ob. 28, 56.
SCHEWTSCHENKO 1940 — Proc. Zool. Inst. Kharkov Univ., ecol. 8—9, 133.
SCHNEIDER 1887 — Ornis 3, 527.
SEREBROWSKI 1925 — Nouv. Mém. Soc. Nat. Moscou, 18/2, 20.
STADLER 1929 — Ber. Ver. Schles. Orn. 15, 13.
STEINPARZ 1955 — Vogelk. Nachr. Österreich 5, 11.
STRESEMANN 1918 — Verh. Orn. Ges. Bayern 13, 272.
STRESEMANN 1920 — Avif. Macedon. München. 121.
STRESEMANN 1926 — Orn. Mber. 34, 4—9.
STRESEMANN 1928 — J. Orn. 76, 372.
STRESEMANN 1943 — J. Orn. 91, 481.
STRESEMANN 1944 — Orn. Mber. 52, 114—115.
STRESEMANN 1957a — J. Orn. 98, 14.
STRESEMANN 1957b — J. Orn. 98, 383.
TICEHURST 1922 — J. Bombay Nat. Hist. Soc. 28, 272.
TICEHURST u. WHISTLER 1932 — Ibis (13) 2, 60.
TINNER 1951 — Orn. Beob. 48, 164.
TISCHLER 1942 — Orn. Mber. 50, 125.
WARGA 1930 — Aquila 36—37, 136.
WHISTLER 1936 — Ibis (13) 6, 34.
WILKONSKIJ 1897 — Mat. Fauna Flora Ross. 3, 118.
WÜST 1934 — Anz. Orn. Ges. Bayern 2, 330.
ZARUDNYJ u. BILKEWITSCH 1918 — Bull. Transcasp. Mus. Tashkent 1, 17.
ZIMMERMANN 1920 — J. Orn. 68, 345.
ZIMMERMANN 1923 — Zool. palaearct. (= Pallasia) 1, 85.

Briefliche Auskünfte erteilten ATANASSOV (Bulgarien), BAUER (Österreich), DIESSELHORST, WÜST (Bayern), FLACH (Griechenland), JACOBI (Karpaten), KUMERLOEVE (Türkei), LÖHRL (Württemberg), LUNDEVALL (Schweden), MAYAUD (Frankreich), MENDELSSOHN (Palästina), PUZANOW (Krim), TRAYLOR und VAURIE (Iran); Überprüfung der Karte durch HANZÁK (ČSR) und KRONEISL (Jugoslawien).

Muscicapa albicollis Temminck

Halsbandschnäpper

Verwandtschaft

Die drei schwarzweißen Fliegenschnäpper der westlichen Palaearktis: *Muscicapa albicollis, M. semitorquata* und *M. hypoleuca,* bilden eine Untergruppe der *Muscicapa*-Artigen, die mit gutem Grund von vielen Systematikern zu einer eigenen Gattung (*Ficedula*) erhoben worden ist. Diese drei Arten sind einander in oekologischer Hinsicht sehr ähnlich; sie sind Nahrungs- und Nistraum-Konkurrenten. Trotzdem brüten *M. albicollis* und *M. hypoleuca* stellenweise in enger Nachbarschaft in den gleichen Waldstücken, z. B. in Bialowies (Tischler 1942), in Unterfranken und wahrscheinlich auch in Böhmen. Vor der Bastardierung werden sie dabei vermutlich durch den Umstand bewahrt, daß Gesang und Lockruf beider auffallend verschieden sind; immerhin kommen Bastarde gelegentlich vor, deren Fruchtbarkeit erwiesen ist (Löhrl 1950).

Muscicapa semitorquata steht in morphologischer Hinsicht zwischen den beiden anderen Arten, aber etwas näher zu *M. albicollis* als zu *M. hypoleuca* (Stresemann 1926). Ruf und Gesang weichen nur wenig von dem der *M. albicollis* ab, aber *M. semitorquata* hat auch stimmliche Besonderheiten (Curio 1959). Ihr Wohngebiet schließt sich auf der Balkanhalbinsel südlich an das Wohngebiet von *M. albicollis* an. In Albanien (und vielleicht noch anderswo) stoßen die Grenzen zusammen, und nirgendwo greifen sie übereinander. Demnach sind *M. albicollis* und *M. semitorquata* „geographische Vikarianten". In Befolgung eines taxonomischen Ordnungsprinzips haben daher manche Autoren diese beiden Formen zu einem Rassenkreis zusammengezogen und sie *M. albicollis albicollis* und *M. albicollis semitorquata* genannt. Diese Bewertung ihrer Verwandtschaft ist nicht mehr haltbar, seitdem E. Curio (1959) festgestellt hat, daß *M. albicollis* während der Paarbildung im Verhalten stärker von *M. semitorquata* abweicht als von *M. hypoleuca.*

Zur Verbreitung

Wahrscheinlich wird auch das südpolnische Hügelland vom Halsbandschnäpper bewohnt. Im südwestlichen Grenzraum (z. B. in den Gebirgen von Italien) bleibt gewiß noch mancher Brutplatz zu entdecken.

Oekologie

Der Halsbandschnäpper besiedelt vornehmlich lichte Laubwälder mit älteren angefaulten oder von Spechten ausgehöhlten Bäumen, bleibt dagegen dem Kiefernwald fern. In Mittel- und Süditalien findet er passende Lebensstätten anscheinend nur noch oberhalb der Kulturzone; dort ist er in alten Buchenwäldern der Apenninen zwischen 1200 und 1700 m sehr sporadisch verbreitet. In Württemberg (nördliche Schwäbische Alb) hat er sich daran gewöhnt, in Nistkästen zu brüten, und ist dort als Gartenlandbewohner stellenweise in Vermehrung und Ausbreitung begriffen (Löhrl 1951), so wie andernorts *M. hypoleuca.*

Nest in der Regel in Baumhöhlen mit engem Eingang; zuweilen auch in verrotteten Baumstümpfen dicht über oder sogar unter dem Boden (Sylvia 8, 1946, p. 89).

Wanderungen

Zugvogel. Wandert in kleinen losen Verbänden in die Savannenwälder des tropischen Afrika, und zwar weiter nach Süden als *M. hypoleuca.* Südlichste Fundorte in den Trockenwäldern von Angola (Plateau von Humpata, 15° S) und Süd-Rhodesia (Matopo-Hills, 20° 30′ S). Scheint eine enge Zugschleife zu beschreiben, indem er in der Mehrzahl im Herbst über Süditalien—Sizilien—Tripolitanien—Darfur nach den Ländern am Golf von Guinea und nach Inner-Afrika wandert und im Frühjahr über Aegypten—Cyrenaika—Aegäis bzw. (östliche Populationen) über Aegypten—Syrien (—Cypern—)Kleinasien zurückkehrt (Stresemann 1943). Jedoch wurde ein Brutvogel von Haubersbronn (Württemberg) am 25. April auf der Insel Malta erlegt (Mitt. Vw. Radolfzell). Afrikanische Ringfunde: Von Ungarn nach Belgisch-Kongo, 4° 11′ S, 18° 23′ E (Stresemann 1944); von Gotland nach Belgisch-Kongo, 4° 30′ S, 18° 20′ E (Fontaine, 1954). Ankunft an den deutschen und russischen Brutplätzen frühestens in der 2. Aprilhälfte, Abzug von der 1. Augusthälfte ab.

Muscicapa semitorquata Homeyer

Halbringschnäpper

Verwandtschaft

Siehe unter *M. albicollis.*

Zur Verbreitung

Da die Verbreitung unvollkommen bekannt ist, wurde auf der Karte auf unsichere Verallgemeinerungen verzichtet. Wahrscheinlich brütet diese Art auf der Balkanhalbinsel an vielen Stellen. Im anatolischen und armenisch-kurdischen Gebiet dürfte ihr Areal weiter nach Süden reichen als wir gegenwärtig wissen (s. Anm. zu P. z). Vielleicht nistet sie, wenn auch sehr selten, auf der Krim (Anm. P. h).

Oekologie

M. semitorquata stellt an den Brutbiotop geringere Ansprüche als *M. albicollis.* Sie nistet zwar wie diese vorzugsweise in alten Laubwäldern (Eichen, Heinbuchen, Buchen), nimmt aber in waldlosen Bezirken Armeniens mit kleinen Auwäldchen oder Baumgärten vorlieb (Laister und Sosnin 1942), ja Flach (1955) fand sie an der Küste von Thrazien im offenen Buschland, worin nur einzelne hohe alte Bäume standen. Andererseits hat sie im Kaukasus auch die Tannenwälder besiedelt und nistet dort bis zur oberen Baumgrenze (Awerin und Nasimowitsch 1938).

Wanderungen

Zugvogel. Wandert in breiter Front nach Süden (aus den Balkanländern nach Südosten) ins Winterquartier, das hauptsächlich in der Savanne zwischen Britisch-Somali-Land, West-Uganda und südlichem Tanganyika-Territory (Iringa-Plateau, Lynes 1934) zu liegen scheint, also östlich und nordöstlich vom Wintergebiet der *M. albicollis.* Einmal im Januar bei Fao am Persischen Golf gesammelt (Ticehurst 1922). Auf dem Durchzug in Persien, Irak, Vorder-Asien, Cypern, Aegaeis, Aegypten, östlichen Sudan, Arabien und Eritrea. Die europäischen Populationen scheinen im Herbst einer Route zu folgen, die östlicher liegt als ihre Frühlingsroute (umgekehrt verhalten sich *M. hypoleuca* und *M. albicollis*).

Ankunft beginnt an den transkaukasischen und nordpersischen Brutplätzen schon Anfang April. Abzug von dort schon von Ende Juli ab.

Hippolais icterina (L.)

bearbeitet von

G. EBER und G. MAUERSBERGER

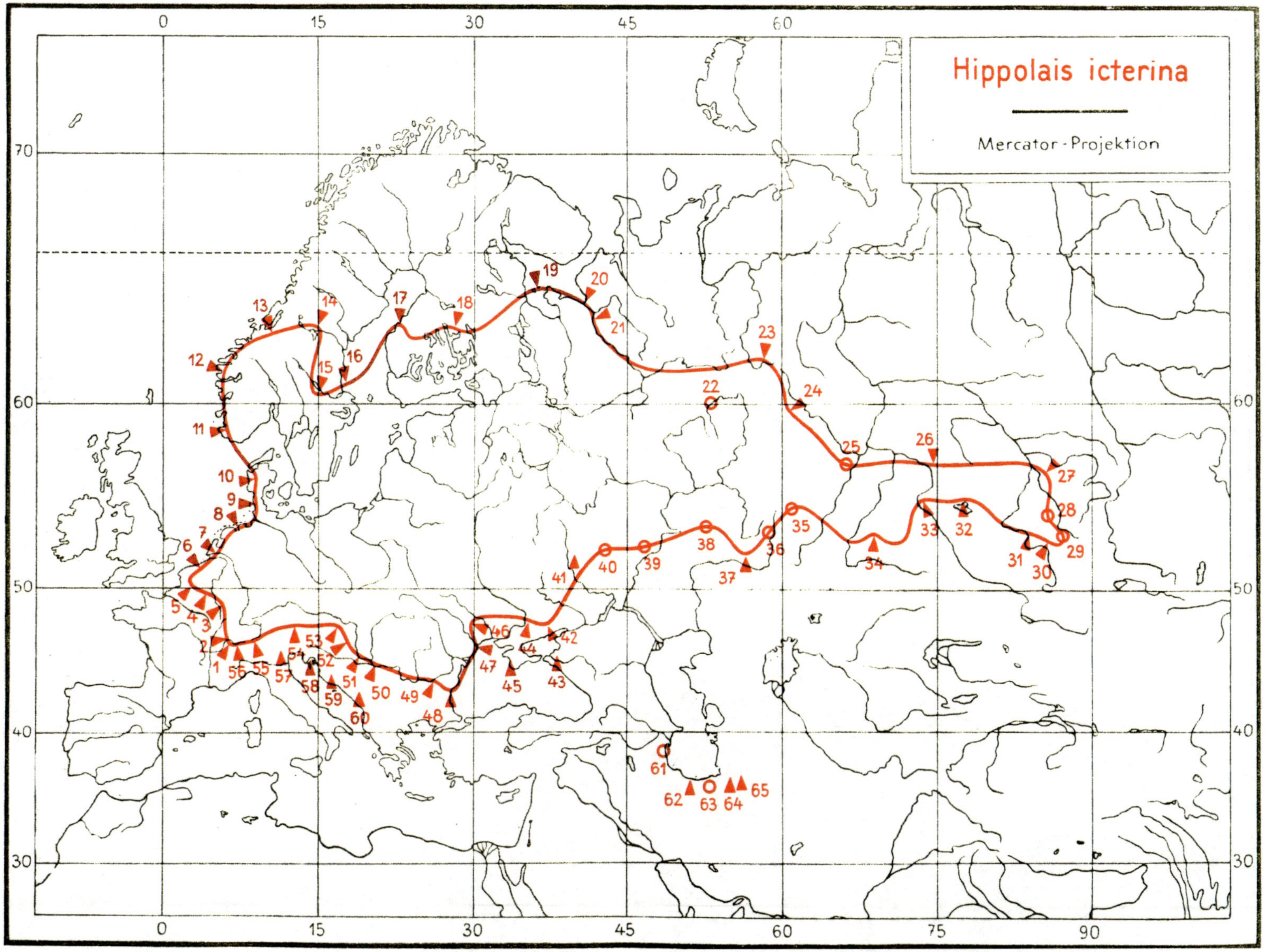

Hippolais icterina
Mercator-Projektion

FUNDORTLISTE

1. Fort de l'Ecluse	Bs	GÉROUDET 1954
2. Nozeroy	Aac	BARRUEL 1950
o Haute Marne	Bsa	JOUARD 1935
3. Verdun	A	SUNKEL 1922
4. St. Germainmont	A	GERLACH 1919
5. Flixecourt	Nc	BOYD 1919
6. Stene (Oostende)	N	VERHEYEN 1956
7. Delft	Ns	HELLEBREKERS 1949
8. Borkum	Bc	v. DROSTE 1864
9. Sylt	Ba	MEUNIER 1955
10. Nissum-Fjord	Ba	PEDERSEN u. JENSEN 1956
11. Stavanger	Bc	LØVENSKIOLD 1947
12. Florö	A	LØVENSKIOLD 1947
13. Trondhjem	Na	COLLETT 1872; HOLGERSEN brfl. 1958
14. Lit (Jämtland)	Ns	JONSSON 1954
15. Floda	N	INGRITZ 1946
16. Söderhamn	As	DURANGO 1948
17. Kokkola (= Gamla Karleby)	A	MERIKALLIO 1958
18. Nilsiä	A	MERIKALLIO 1958
19. Solowecki-Inseln	B	PTUSCHENKO 1954
20. Archangelsk	As	SEEBOHM 1882
21. Wajmugskaja	As	LILJEBORG 1852
22. Kaj (Bez. Kirow)	Ba	DUSCHIN 1935
23. Petschora-Ilytsch-Reservat	Aa	TEPLOWA 1957
24. Kakwa-Mündung (Sosjwa)	As	REZCOW 1904
25. Kreis Tjumen	Bc	LARIONOW 1926
26. Tara	B	USCHAKOW 1913
27. Tomsk	As	JOHANSEN 1896
28. Salair-Gebirge	B	JOHANSEN 1935
29. Kondoma	As	ZALESSKIJ 1930
30. Bijsk	As	SUSCHKIN 1938
31. Barnaul	Aa	JOHANSEN 1907
32. Taganowskoje (Tschany-See)	As	JOHANSEN 1911
33. Omsk	B	LAWROW 1925
o Koktschetau (Borowoje) ↓	B	STEGMAN 1934
34. Zerenda	A	DOLGUSCHIN brfl. 1957
35. Ilmen-Reservat (Miass)	B	SNIGIREWSKIJ 1929
36. Baschkir. Reservat	A	KIRIKOW 1952
37. Spasskoje (Orenburg = Tschkalow)	As	ZARUDNYJ 1897
38. Kreis Buguruslan	As	KARAMZIN 1901
39. Kreis Petrowsk	B	DOMANIEWSKI 1916
40. S Gouv. Tambow	B	REZCOW 1910
41. Reservat von Woronesh	Ac	BARABASCH-NIKIFOROW u. PAWLOWSKIJ 1948
42. Weliko-Anadol (Wladimirowka)	B	WOLTSCHANECKIJ 1950
43. Slawjanskaja (Kubanj-Delta)	B	KISTJAKOWSKIJ 1932
44. Saporoshje	B	NEUBAUR 1951
45. Donuzlaw-See ↓	A	PUZANOW brfl. 1957
46. Kischewo (Balta)	Bc	PORTENKO 1928
47. Palanka	B	PTUSCHENKO 1954 u. PUZANOW brfl. 1957
48. Kamtschyja	Aa	v. JORDANS 1940
49. Svishtov	As	HARRISON 1933
o um Timişoara (= Temesvár) ↓	B	CATUNEANU brfl. 1958
50. Beograd (= Belgrad)	Aa	MATVEJEV 1950
51. Vukovar	Aa	GEYR v. SCHWEPPENBURG 1915
52. Keszthely	Bs	KEVE brfl. 1957
53. Neusiedler See	Ba	ZIMMERMANN 1943
o Irdning (Enns)	Bs	HÖPFLINGER 1958
54. Kufstein	Bs	PRENN 1931
o Kematen	B	DALLA TORRE 1896
55. Urseren ↓	As	GÉROUDET brfl. 1957
56. Monthey	A	GÉROUDET brfl. 1957
57. Rovereto (Trentino) ↓	Bs	BONOMI 1884
58. Marčana	A	RUCNER 1958
59. Livanjsko polje	Aa	REISER 1939
60. Nozdre (9. VII.)	As	v. FÜHRER 1901
61. Vorberge des Talysch	A	SATUNIN 1907
62. Khorammabad ↓	Asa	STRESEMANN 1928
63. Masanderan	AJs	VAURIE 1954
64. Kherat (Gorgan = Asterabad)	AJs	TRAYLOR brfl. 1958
65. Tersakan (Gumbet)	AJc	ZARUDNYJ u. BILKEWITSCH 1913

Anmerkungen

Zu P. 33-o:

Die physiographischen Gegebenheiten lassen südlichere Brutvorkommen vermuten; PTUSCHENKO (1954) gibt die Gegend von Akmolinsk an, doch leider ohne Quelle.

Zu P. 46:

SCHATILOFF (1860) meldet Brut für Schatilowka (an der Mündung des Karasu) und MOLTSCHANOW (1906) nennt ein am 11. VIII. an der Burultscha erlegtes Ex.

Zu P. 49-o:

Die Südgrenze folgt wohl etwa der Donau; aus der (unerforschten) Kleinen Walachei ist nichts bekannt geworden, aus der weiteren Umgebung von Bukarest meldet CATUNEANU (brfl. 1958) eine Reihe neuer Funde. Übrigens kennen wir auch aus Siebenbürgen keinen Brutnachweis (v. DOMBROWSKI 1946, JACOBI brfl. 1957, KOHL brfl. 1957); nur CONGREVE (1929, 1935) traf *icterina* an (bei Câpâlnas mehrere sogar bis Ende Mai).

Zu P. 55:

Brütet wohl auch (neben *polyglotta*) im Tessin; ein direkter Brutnachweis ist noch nicht erbracht. Dem Wallis scheint er zu fehlen (GLUTZ brfl. 1959).

Zu P. 57:

Weitere (offenbar unregelmäßig besetzte) Brutorte im Gebiet der Südalpen sind das Gailtal um Hermagor (SCHWEIGER 1958 und brfl. 1959) und die Gegend des Klopeiner Sees östlich Klagenfurt (SCHWEIGER brfl. 1959); s. Kapitel „Zur Verbreitung".

Zu P. 62:

Das Areal der südkaspischen Populationen läßt sich nicht abschätzen, vor allem nach Süden. MISONNE (1955) nennt einen einzelnen Gartenspötter vom 29. VI. in Akinlou (ca. 36° N/48° 30′ E); Biotop und Fehlen der Begleitfauna sprechen gegen Brut.

LITERATUR

Barabasch-Nikiforow u. Pawlowskij 1948 — Trudy Woronesh. zapow. 2, 92.
Barruel 1950 — Alauda 17—18, 202.
Bonomi 1884 — Progr. Ginnas. Rovereto 1883—84, 31.
Boyd 1919 — Ibis (11)1, 65.
Collett 1872 — Forh. Vid.-Selsk. Christiania, 196.
Congreve 1929 — Ibis (12)5, 468.
Congreve 1935 — Ibis (13)5, 573.
Dalla Torre 1896 — Schwalbe 20, 132.
Domaniewski 1916 — Trav. Soc. Sci. Varsovie (3. Classe) 18, 90.
v. Dombrowski — Ornis Romaniae. Bucureşti. 1, 336.
v. Droste 1864 — J. Orn. 12, 421.
Durango 1948 — Fauna och Flora 43, 187.
Duschin 1935 — Zap. Gorjk. Uniw. 4, 39.
v. Führer 1901 — Orn. Jb. 12, 15.
Gerlach 1919 — J. Orn. 67, 212.
Géroudet 1954 — Alauda 22, 213.
Geyr v. Schweppenburg 1915 — J. Orn. 63, 108.
Harrison 1933 — Ibis (13)3, 590.
Hellebrekers 1949 — Limosa 22, 403.
Höpflinger 1958 — Mitt. Naturw. Ver. Steierm. 88, 159.
Ingritz 1946 — Fauna och Flora 41, 231.
Johansen 1935 — Trudy Biol. Inst. Tomsk. Uniw. 1, 36.
Johansen 1954 — J. Orn. 95, 100.
Johansen 1896 — Orn. Jb. 7, 138.
Johansen 1907 — Mat. orn. stepej Tomsk. kraja. Tomsk. 50.
Johansen 1911 — Orn. Jb. 22, 6.
Jonsson 1954 — Vår Fågelv. 13, 184.
v. Jordans 1940 — Mitt. Naturwiss. Inst. Sofia 13, 103.
Jouard 1935 — Alauda 7, 85—99.
Karamzin 1901 — Mat. Fauna Flora Ross. 5, 302.
Kirikow 1952 — Pticy i mlek. jushn. Urala. Moskwa. 227.
Kistjakowskij 1932 — Bull. plant protect. (4)2, 114; 134.
Larionow 1926 — Izw. Tomsk. Uniw. 78/3, 8.
Lawrow 1925 — Trudy Sibir. Sel.-Choz. Akad. 4, 3.
Liljeborg 1852 — Naumannia 2/2, 95.
Løvenskiold 1947 — Handb. Norges Fugler. Oslo. 238.
Matvejev 1950 — Ornithogeogr. Serbica. Beograd. 197.
Merikallio 1958 — Finnish Birds. Helsinki. 124.
Meunier 1955 — Mitt. faun. Arbeitsg. Schl.-Holst. 8, 17.
Misonne 1955 — Gerfaut 45, 52.
Moltschanow 1906 — Mat. Fauna Flora Ross. 7, 256.
Neubaur 1951 — Jb. Nassau. Ver. Naturk. 89, 77.
Pedersen u. Jensen 1956 — Dansk orn. Foren. Tidsskr. 50, 56.
Portenko 1928 — Bull. Soc. Nat. Moscou 37, 174.
Prenn 1931 — Veröff. Mus. Ferdin. Innsbruck 11, 28.
Ptuschenko 1954 — Pticy Sow. Sojuza. Moskwa. 6, 311.
Reiser 1939 — Ornis Balcan. Wien. 1, 41.
Rezcow 1904 — Mat. Fauna Flora Ross. 6, 198.
Rezcow 1910 — Mat. Fauna Flora Ross. 10, 253.
Rucner 1958 — J. Orn. 99, 366.
Satunin 1907 — Mat. ptic Kawkaz. kraja. Tiflis. 50.
Schatilow 1860 — Bull. Soc. Nat. Moscou (n. s.) 33/3, 498.
Schweiger 1958 — Jb. Österr. Arb.-Kr. Wildtierf. 1958, 34.
Seebohm 1882 — Ibis (4)6, 375.
Snigirewskij 1929 — Orn. Skizze Ilmen-Reserv. Zlatoust. 3, 8; 20.
Stegman 1934 — Trudy Kazachst. Akad. nauk 1, 32.
Stresemann 1928 — J. Orn. 76, 376.
Sunkel 1922 — Verh. Orn. Ges. Bayern 25, 115.
Suschkin 1938 — Birds Soviet Altai. Moskwa—Leningr. 2, 175.
Teplowa 1957 — Trudy Petsch.-Ilytsch. Zapow. 6, 97.
Uschakow 1913 — Messag. orn. 4, 5.
Vaurie 1954 — Amer. Mus. Novit. 1691, 8.
Verheyen 1956 — Gerfaut 46, 206.
Woltschaneckij 1950 — Trudy Inst. Biol. Charkow. Uniw. 14—15, 144.
Zalesskij 1930 — Trudy Ob. izutsch. Sibiri 5, 39.
Zarudnyj 1897 — Mat. Fauna Flora Ross. 3, 197.
Zarudnyj u. Bilkewitsch 1913 — Messag. orn. 4, 32.
Zimmermann 1943 — Ann. Nat.-Hist. Mus. Wien 54, 104.

Briefliche Auskünfte erteilten Atanassov (Bulgarien), Bauer (Österreich), Catuneanu, Jacobi, Kohl, Steinbacher (Rumänien), Dolguschin (Kazachstan), Glutz v. Blotzheim (Schweiz), Holgersen (Norwegen), Krampitz, Puzanow (Ukraine), Kroneisl (Jugoslawien), Salomonsen (Dänemark), Traylor und Vaurie (Perisen); Überprüfung der Karte durch Géroudet (Schweiz), Mayaud (Frankreich) und Portenko (Sowjetunion).

Hippolais icterina (L.)

Gelbspötter

Verwandtschaft

Der nächste Verwandte von *H. icterina* ist der ihm in der Färbung fast gleichende *H. polyglotta*. Die Arealgrenzen dieser beiden Arten sind so nahe aneinandergerückt, daß der trügerische Anschein geographischer Vikarianz entstanden ist. Jedoch besteht diese „Stellvertretung" nicht auf interspezifischer Konkurrenz, sondern hat historische und gleichzeitig oekologische Ursachen. In Frankreich überlagern sich die Areale beider Arten in einer schmalen Zone, wahrscheinlich weil sich dort ihre Biotope durchdringen. Auch bei Rovereto kommen sie gemeinsam, aber in verschiedenem Biotop vor (Bonomi 1884). Bastarde sind nicht bekannt und angesichts der bedeutenden stimmlichen und oekologischen Unterschiede des Artenpaares auch nicht zu erwarten. Über diese und andere Unterschiede vgl. vor allem Jouard (1935).

Gliederung

Ob *H. icterina* geographische Rassen ausgebildet hat, ist noch ungewiß. Die Abtrennung einer kaukasisch-nordpersischen Rasse (*alaris* Stresemann) ist nach Vaurie (1954) nicht berechtigt.

Zur Verbreitung

Der Lage des Wintergebietes nach zu urteilen, befand sich das postglaziale Ausbreitungszentrum dieser Spezies in Mitteleuropa. Von dort ist sie in einer ziemlich schmalen Zone, die sie nur spärlich besiedelt hat, über den Ural bis nach Tomsk vorgedrungen (Johansen 1954).

Im Alpengebiet ist die „Südgrenze" wenig ausgeprägt, sondern infolge der Disjunktion der Biotope aufgelockert. Die auf der Karte gewählte Grenzlinie umschließt das Gebiet offenbar regelmäßigen Brutvorkommens; südlich davon bekannt gewordene Punkte (P. 57—60) sind isoliert eingetragen. Ob einzelne Paare an geeigneten Plätzen des südlichen Hochgebirgsraumes regelmäßiger abgefangen werden als diese Punkte zeigen, ist ungewiß.

Spezialkarte der Verbreitung in Frankreich: Jouard (1925).

Oekologie

H. icterina bevorzugt lichte Laubwälder mit viel Unterholz, Feldgehölze, Parks oder baumreiche Gärten und hält sich viel im Schatten der Blätter auf. Er begleitet den Bergwald nicht hoch hinauf. Nest in Laubbäumen oder höherem Gebüsch, meist mehr als 2 m über dem Boden, selten wesentlich tiefer.

Wanderungen

Zugvogel. Überwintert in der Mehrzahl in den Trockenwäldern, die sich an den Regenwald des Kongo-Gebietes südlich anschließen. Von hier aus schwache Ausstrahlungen östlich bis zum Nyasa-Land und Sambesi, westlich bis zum Damara-Land. Den phaenologischen Unterlagen (aus Asien, Europa und Afrika) nach zu urteilen, begeben sich alle Populationen des riesigen Brutareals, also auch die westsibirischen, in einen Zugtrichter, der sie sammelt und ins Überwinterungsgebiet leitet. Die weite Öffnung dieses Trichters umfaßt etwa den Raum von Oberitalien bis Ostungarn. Durch Italien hindurch werden die Massen der Gelbspötter im August und September nach Tunesien und Libyen südwärts geleitet; um von Französisch Aequatorial-Afrika ins Wintergebiet zu gelangen, scheinen sie den Kongo-Urwald im Osten zu umgehen. Der Frühjahrszug verläuft auf den Bahnen des Herbstzuges.

12 beringte Gelbspötter sind im Herbst aus Italien zurückgemeldet worden. Sie hatten ihren Ring erhalten in Belgien (4), Holland (1), Schweden (3), Deutschland (4). Ein als Nestling in Belgien beringtes Stück wurde am 11. Okt. in Kreta erlegt.

Ankunft am Brutplatz in Deutschland in der ersten Mai-Hälfte, in Archangelsk zwischen 13. und 27. Mai. Abzug im August.

Hippolais polyglotta (Vieillot)

bearbeitet von

G. MAUERSBERGER

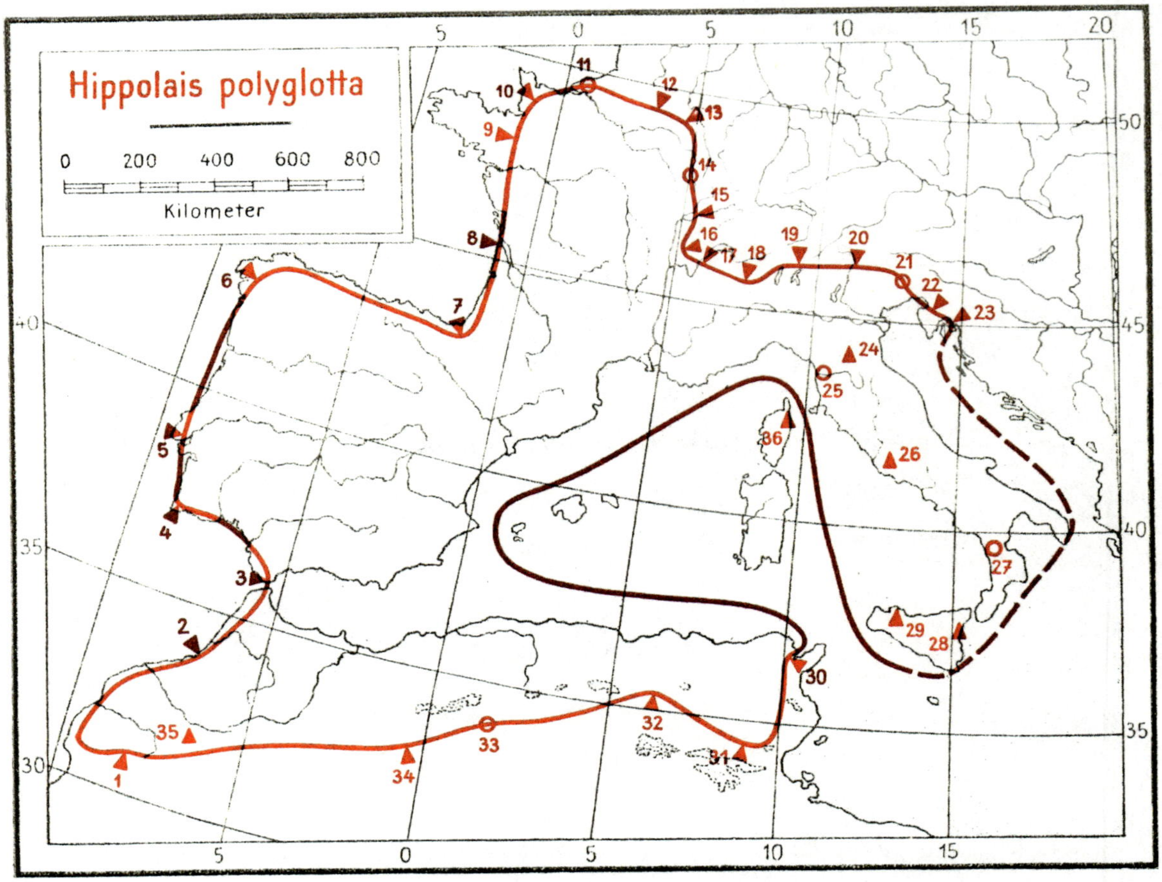

FUNDORTLISTE

Fundort			Quelle
1. Taddert	↓	Aa	Chaworth-Musters 1939
2. Rabat		Ac	Hartert 1927a
3. Gibraltar		Nc	Irby 1895
4. Lagos (VII)		A	v. Jordans u. Steinbacher 1941
5. Lissabon (3. V.)		A	Ticehurst u. Whistler 1935
6. Santiago		As	Ticehurst u. Whistler 1928
7. Pamplona		Ac	Ticehurst u. Whistler 1925
8. Soulac-sur-Mer		A	Steinbacher 1944
9. Martigné-Ferchand		As	Douaud 1948
10. St.-Lô		As	Trouche 1957
11. Haute Normandie	↓	Bsa	Olivier 1938
12. Laon		A	Jouard 1935
13. Vouziers		As	Sunkel 1922
14. Haute Marne		A	Jouard 1935
15. Dôle		As	Barruel 1950
16. Cize-Bolozon		As	Géroudet 1954
17. Frangy		As	Géroudet 1955
18. Val d'Aosta		As	Moltoni 1943
o Ascona		As	Corti 1953
— Gandria (Lugano)		As	Hoffmann u. Riggenbach 1955
19. San Cassiano (15. VII.)		As	Géroudet u. Barruel 1956
20. Bozen		Nc	Parrot 1904
21. Friaul		N	Vallon 1902
22. Podgaće (Lanišće)		A	Rucner 1958
23. Novi	↓	AJs	Madarász 1903
24. Bologna		A	Stresemann 1957a
25. Prov. Pisa		Ba	Caterini 1941
26. Tivoli		A	Stresemann 1957a
27. Calabrien		A	Stresemann 1957b
28. Taormina		As	Krampitz 1956
29. Monte Pellegrino		As	Krampitz 1958
30. Tunis (s. nom. *icterina*)		Bc	Payn 1948
31. Gafsa		N	v. Erlanger 1899
32. Lambèse (5. V.)		A	Hartert u. Rothschild 1912
33. Dj. Amour		A	Snow 1952
34. Dj. Aïssa		As	Hartert u. Rothschild 1914
35. Azilal		Ba	Lynes 1933
36. Étang de Biguglia	↓	Asa	Mouillard 1934

Anmerkungen

Zu P. 1:

Möglicherweise kommt auch diese Art in Westmarokko weit südlicher vor, als bisher angenommen wurde (vgl. *Emberiza cirlus, Hippolais pallida*): VALVERDE (1957) traf sie am 21. V. bei Aïum in Spanisch-Marokko, vielleicht betreffen auch die Beobachtungen HEIM DE BALSACS (1951) Ende Mai im Wadi Dra diese Art. Nach HARTERT (1927b) brüten die Orpheusspötter in Nordafrika meist schon ab Mitte Mai.

Zu P. 11:

BRICHE (1958) meldet ein Stück vom 7. IX. 58 aus Arras.

Zu P. 23:

Auch von RUCNER (1958) hier angetroffen; vgl. dessen Ausführungen. BRUSINA (1891) nennt ein Mitte Juni (spätestens 1890) bei Spica (= Spizza, S Budua) erlegtes ♂.

Zu P. 36:

Einziges brutverdächtiges Vorkommen (Mitte Juni mehrere singende ♂♂), das von den westmediterranen Inseln bekannt ist. MAYAUD (brfl. 1957) bezweifelt den Wert der Beobachtung, doch ist es wenig wahrscheinlich, daß *polyglotta* (Zugvogel!) passende Biotope auf den großen Inseln regelmäßig meiden sollte.

LITERATUR

BANNERMAN 1939	Birds Trop. West Africa. London. 5, 36.
BARRUEL 1950	Alauda 17—18, 203.
BRICHE 1958	Alauda 26, 231.
BRUSINA 1891	Orn. Jb. 2, 13.
CATERINI 1941	Riv. Ital. Orn. 11, 27.
CHAWORTH-MUSTERS 1939	Ibis (14) 3, 275.
CORTI 1953	Boll. Soc. Tic. Sci. Nat. 47—48, 15—40.
DOUAUD 1948	Alauda 16, 224.
v. ERLANGER 1899	J. Orn. 47, 254.
GÉROUDET 1954	Alauda 22, 214.
GÉROUDET 1955	Nos Oiseaux 23, 114.
GÉROUDET u. BARRUEL 1956	Nos Oiseaux 23, 283.
HARTERT 1927a	Mém. Soc. Sci. Nat. Maroc 16, 16.
HARTERT 1927b	Beitr. Fortpfl.-Biol. Vögel 3, 89.
HARTERT u. ROTHSCHILD 1912	Novit. Zool. 18, 505.
HARTERT u. ROTHSCHILD 1914	Novit. Zool. 21, 196.
HEIM DE BALSAC 1951	Alauda 19, 23.
HOFFMANN u. RIGGENBACH 1955	Orn. Beob. 52, 13.
IRBY 1895	Orn. Straits Gibraltar. London. 65.
v. JORDANS u. STEINBACHER 1941	Ann. Nat.-Hist. Mus. Wien 52, 223.
JOUARD 1935	Alauda 7, 90.
KRAMPITZ 1956	J. Orn. 97, 321.
KRAMPITZ 1958	J. Orn. 99, 52.
LYNES 1920	Ibis (11) 2, 294.
LYNES 1933	Mém. Soc. Sci. Nat. Maroc 36, 43.
MADARÁSZ 1903	Vögel Ungarns. Budapest. 483.
MOLTONI 1943	Atti Soc. Ital. Sci. Nat. 82, 266.
MOUILLARD 1934	Alauda 6, 200.
NIETHAMMER 1957	Bonner Zool. Beitr. 8, 238.
OLIVIER 1938	L'Oiseau 8, 208.
PARROT 1904	Verh. Orn. Ges. Bayern 5, 31.
PAYN 1948	Ibis 90, 10.
RUCNER 1958	J. Orn. 99, 363—366.
SNOW 1952	Ibis 94, 491.
STEINBACHER 1944	Ber. Ve. Schles. Orn. 29, 25.
STRESEMANN 1957a	J. Orn. 98, 20.
STRESEMANN 1957b	J. Orn. 98, 383.
SUNKEL 1922	Verh. Orn. Ges. Bayern 15, 115.
TICEHURST u. WHISTLER 1925	Ibis (12) 1, 453.
TICEHURST u. WHISTLER 1928	Ibis (12) 4, 675.
TICEHURST u. WHISTLER 1935	Ibis (13) 5, 560.
TROUCHE 1957	Alauda 25, 136.
VALLON 1902	Avicula 6, 8.
VALVERDE 1957	Aves Sahara Español. Madrid. 273.

Briefliche Auskünfte erteilte KRONEISL (Kroatien); Überprüfung der Karte durch GÉROUDET (Schweiz) und MAYAUD (Frankreich).

Hippolais polyglotta (Vieillot)

Orpheusspötter

Verwandtschaft

Siehe *H. icterina.*

Zur Verbreitung

Das postglaziale Ausbreitungszentrum lag vermutlich im westlichen mediterranen Gebiet, weit südwestlich vom Ausbreitungszentrum von *H. icterina.*

Längs der dalmatinischen Küste ist *H. polyglotta* vielleicht weiter nach Süden verbreitet als bisher bekannt geworden ist. Spezialkarte der Verbreitung in Frankreich: JOUARD 1935, in Kroatien: RUCNER 1958.

Oekologie

Bevorzugt sonnige Lagen und bewohnt dort hohes dichtes Gebüsch, Buschwälder oder Hecken. Er verläßt oft den Schutz des Blattwerks, um sich frei auf einer Astspitze zu zeigen. In Europa vor allem in den warmen Niederungen bis 500 m, aber in der Sierra Nevada bei 2100 m (NIETHAMMER 1957); auch im Atlas-Gebirge in höheren Lagen: bei Azrou bis etwa 1400 m (LYNES 1920), bei Taddert bis 2000 m (CHAWORTH-MUSTERS 1939).

Neststand niedriger als bei *H. icterina,* meist 0,80 bis 1,70 m über dem Boden (JOUARD 1935).

Wanderungen

Zugvogel. Wintergebiet in den Savannenwäldern von West-Afrika, von Senegambien bis Nord-Kamerun (BANNERMAN 1939). Dorthin wandert *H. polyglotta* in breiter Front durch die westliche Sahara. Ankunft im Atlas-Gebirge (Azilal) bald nach Mitte April (LYNES 1933); bei Gibraltar frühestens 25. April (IRBY 1895); Abzug von den europäischen Brutplätzen Ende Juli bis September.

Hippolais olivetorum (Strickland)

bearbeitet von

G. MAUERSBERGER

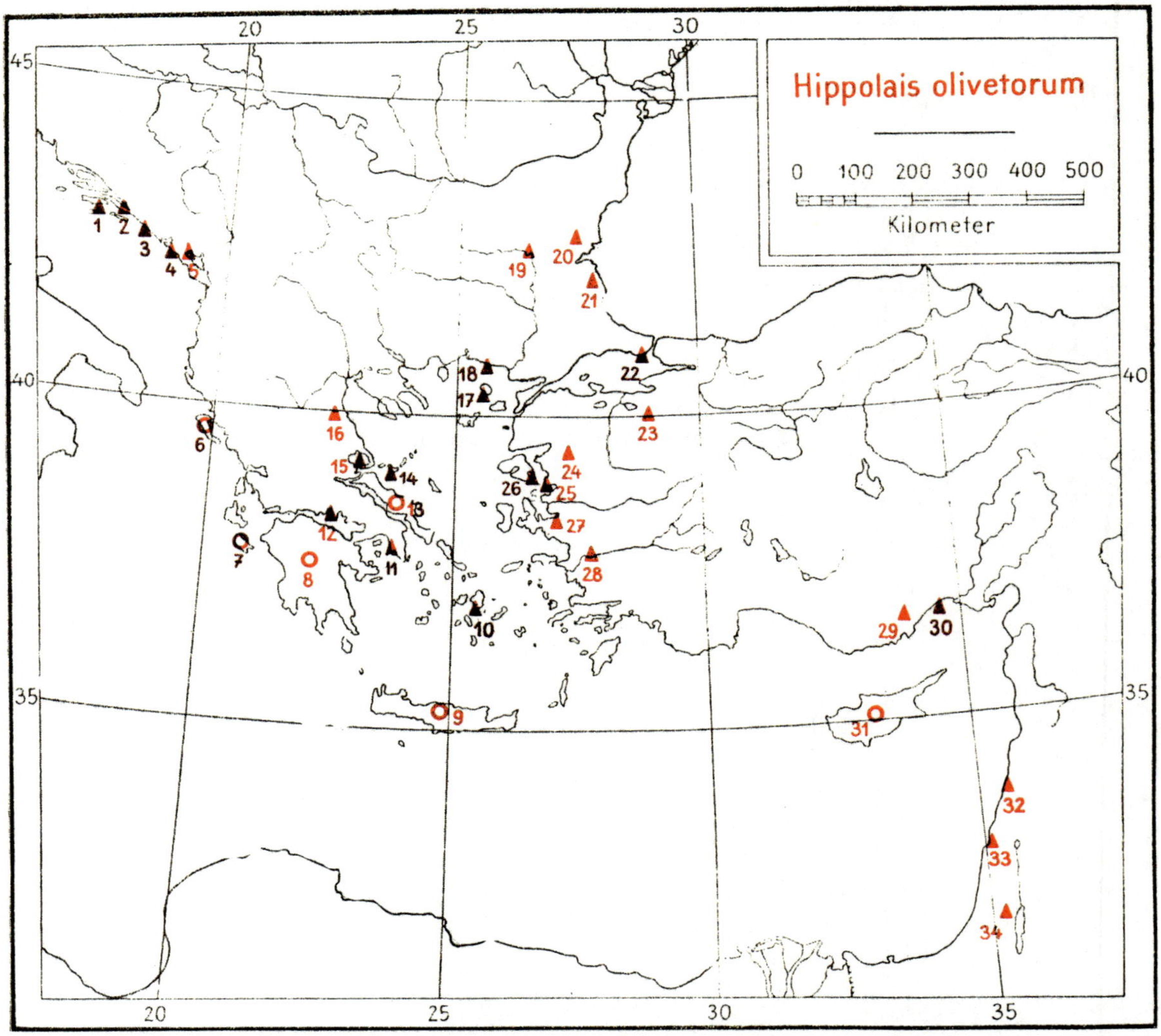

FUNDORTLISTE

1. Curzola (= Korčula)		A	Reiser 1939
2. Metković		Na	Reiser 1939
3. Ragusa (= Dubrovnik)		A	Mannsberg 1916
4. Bocche di Cattaro		Nc	Kollibay 1904
5. Podgorica	↓	A	Brusina 1891
6. Korfu		A	Reiser 1905
7. Zante (1836)		A	Drummond 1843
8. Peloponnes	↓	Aa	Reiser 1905, Niethammer 1943
9. Kreta		A	Pease 1940
10. Naxos		Na	Reiser 1905
11. Athen		Na	Reiser 1905
12. Itea		AJa	Reiser 1905
— Delphi		A	Flach 1955b
13. Euboea		A	Lindermayer 1855
14. Skopelos		Nc	Reiser 1905
15. Lechonia		Aa	Banzhaf 1937
16. Olymp		A	Krüper 1875b
17. Samothraki		A	Harrison u. Pateff 1937
18. Makri		As	Flach 1955a
— Bodoma		A	Harrison u. Pateff 1937
19. Sliven (1875)		As	Reiser 1894
20. Gjulowce (7. VII.)		As	v. Jordans 1940
21. Primorsko		Aa	Balát brfl. 1957
22. Istanbul		Ac	Lindermayer 1860
23. Brussa		Ac	Lindermayer 1860
24. Savaştepe		Aa	Kumerloeve 1957

25. Dikili	A	Kumerloeve brfl. 1957	30. Mersina		As	Schrader 1891a
26. Mytilene	A	v. Wettstein 1938	31. Cypern	↓	A	Schrader 1891b
27. Smyrna (= Izmir)	Bc	Krüper 1875a	32. Beirut		B	Schrader 1892
28. Aidin	B	Schrader 1891a	33. Wadi Karkara	↓	Aa	Mendelssohn brfl. 1957
29. Korikos (31. VII.)	A	Kumerloeve brfl. 1957	34. Hesmê (= El Hizme)		Ns	Schmitz 1911

Anmerkungen

Zu P. 5:

Unter den aufgeführten Belegstücken befinden sich wohl auch *Hipp. pallida elaeica*, doch weist die Flügellänge das ♂ vom 14. VI. als *olivetorum* aus.

Zu P. 8:

Besonders im Süden von Reiser an vielen Stellen angetroffen.

Zu P. 31:

Nach Bannerman (1958) auf Cypern nur als Durchzügler anzusehen, da Brutbeweis bisher nicht erbracht.

Zu P. 33:

Vielleicht brütet *olivetorum* auch an weiteren, ähnlichen Plätzen im Norden Israels (Mendelssohn brfl. 1957); vgl. auch P. 34.

LITERATUR

Bannerman 1958 — Birds Cyprus. Edinburgh—London. 97.
Banzhaf 1937 — Verh. Orn. Ges. Bayern 21, 131.
Brusina 1891 — Orn. Jb. 2, 13.
Drummond 1843 — Ann. Mag. Nat. Hist. 12, 415.
Flach 1955a — Fauna och Flora 50, 209.
Flach 1955b — Fauna och Flora 50, 242.
Harrison u. Pateff 1937 — Ibis (14) 1, 608.
v. Jordans 1940 — Mitt. Naturwiss. Inst. Sofia 8, 104.
Kollibay 1904 — J. Orn. 52, 107.
Krüper 1875a — J. Orn. 23, 258.
Krüper 1875b — Griech. Jahresz. 3, 231.
Kumerloeve 1957 — Anz. Orn. Ges. Bayern 4, 716.
Lindermayer 1855 — Bull. Soc. Nat. Moscou 28/2, 449.
Lindermayer 1860 — Vögel Griechenlands. Passau. 88.
Mannsberg 1916 — Aquila 23, 535.
Niethammer 1943 — J. Orn. 91, 211.
Pease 1940 — Ibis (14)4, 100.
Reiser 1894 — Ornis Balcan. Wien. 2, 51.
Reiser 1905 — Ornis Balcan. Wien. 3, 127—132.
Reiser 1939 — Ornis Balcan. Wien. 1, 42.
Schmitz 1911 — Z. Ool. Orn. 21, 26.
Schrader 1891a — Orn. Jb. 2, 188.
Schrader 1891b — Orn. Jb. 2, 218.
Schrader 1892 — Orn. Jb. 3, 15.
v. Wettstein 1938 — J. Orn. 86, 20.

Briefliche Auskünfte erteilten Atanassov, Balát (Bulgarien), Bannerman (Cypern), Flach (Griechenland), Kroneisl (Jugoslawien), Kumerloeve (Türkei) und Mendelssohn (Israel).

Hippolais olivetorum (Strickland)

Olivenspötter

Zur Verbreitung

Die Peripherie des Areals zeichnet sich vorerst nur undeutlich ab (besonders im Norden und Nordosten), weswegen ein Versuch, sie in der Karte anzudeuten, unterblieb.

Oekologie

Zur Brutzeit bewohnt diese größte Art der Gattung *Hippolais* fast ausschließlich ausgedehnte schüttere Olivenpflanzungen, von denen aus sie etwa angrenzende Gehölze anderer Zusammensetzung (z. B. Eichenhaine) zuweilen befliegt. Sie ist daher so sporadisch verbreitet wie die großen Olivenhaine, in diesen aber stellenweise häufig.

Nest meist mannshoch oder höher auf Olivenbäumen, seltener auf anderen Laubhölzern (Granatapfel, Mandel, Manna-Esche u. a.).

Wanderungen

Zugvogel. Wintergebiet in den Trockenwäldern von Südost-Afrika (Nyasaland, Rhodesia, Mashonaland, Transvaal). Dorthin wandert der Olivenspötter von Syrien aus über Eritrea—Abessinien—östliches Ost-Afrika. Die europäischen Populationen ziehen zunächst zur asiatischen Küste, also südöstlich (nicht südlich). Infolge seiner geringen Gesamtzahl wird der Olivenspötter nur selten auf dem Durchzuge oder im Wintergebiet bemerkt.

Ankunft bei Smyrna und in den europäischen Brutgebieten zwischen Ende April und Mitte Mai. Abzug aus Griechenland Ende Juli oder Anfang August (Reiser 1905).

Hippolais pallida (Hemprich u. Ehrenberg)

bearbeitet von

G. MAUERSBERGER

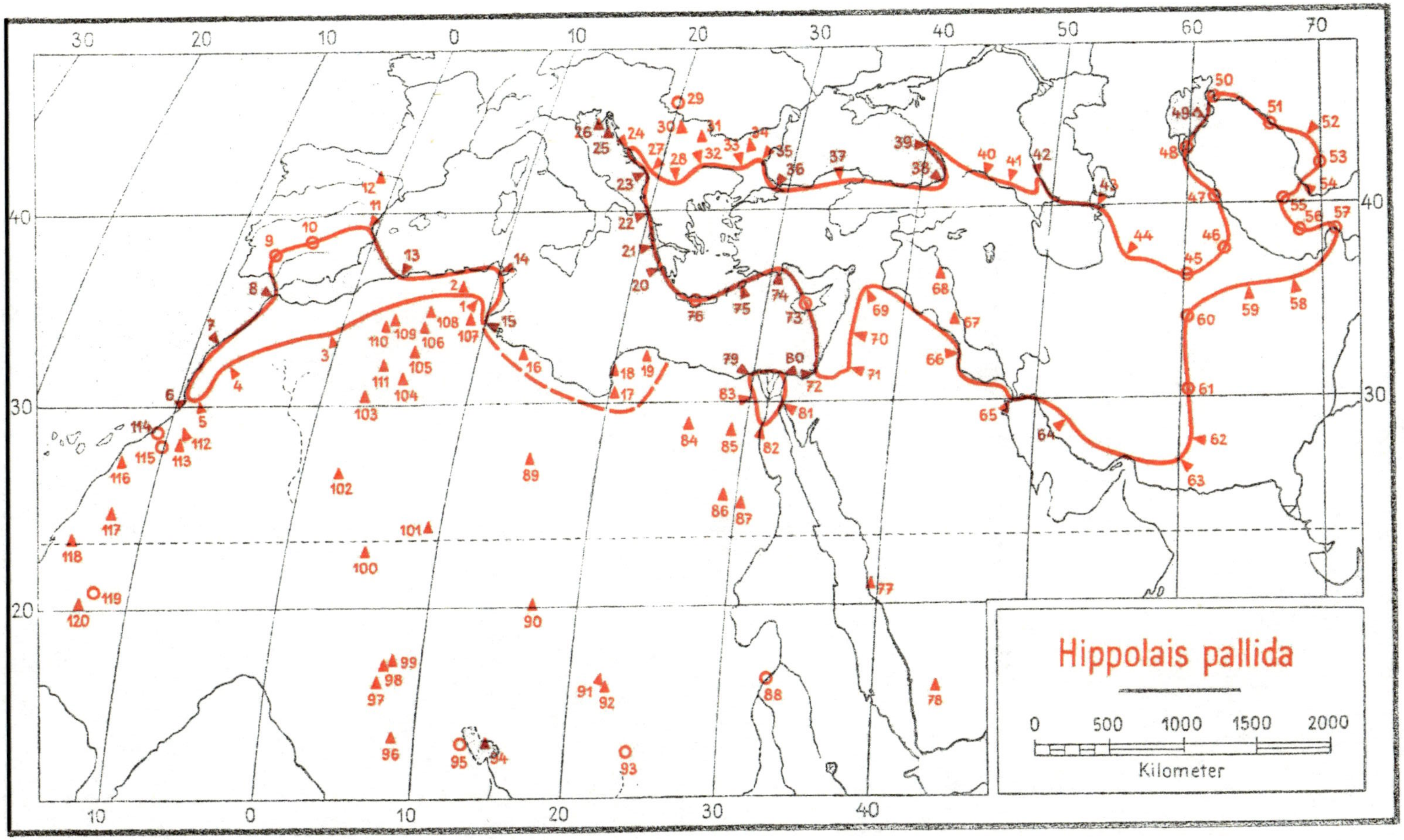
Hippolais pallida
0 500 1000 1500 2000
Kilometer

FUNDORTLISTE

Unsicherheit über die Zugehörigkeit zu der Rasse, unter die der Fund aufgenommen ist, wird durch einen * vor der Nummer angezeigt.

H. p. opaca (Cabanis)

*1.	Kasrin		Ac	Whitaker 1905
2.	Hammam Meskoutine		Ac	Hartert u. Rothschild 1912
3.	Aïn Sefra		Nc	Hartert u. Rothschild 1914
4.	Marrakesch		Bc	Hartert 1923b
5.	Taroudant		Na	Lynes 1925
6.	Sous		Nc	Lynes 1925
7.	Masagan		Bc	Hartert 1923b
8.	Tanger		Bc	Hartert 1923b
9.	Sierra de Aracena		Bc	Jourdain 1937
10.	Sierra Morena		Nc	Jourdain 1937
11.	Valencia		Ac	Deetjen 1955
12.	Castejon	↓	Ac	Ticehurst u. Whistler 1925
13.	Alger		Aa	Heim de Balzac 1924
14.	Tunis		Nc	Payn 1948
*15.	Gabès		N	Koenig 1895
*16.	Tripolis		Na	Guichard 1955, 1957
17.	Agedabia	↓	As	Stanford 1954
*18.	Benghasi	↓	Aa	Stanford 1954
19.	Ras el Hılal	↓	As	Stanford 1954
*—	Cyrene	↓	B	Stanford 1954

H. p. elaeica (Lindermayer)

20.	Modon (= Methoni)		As	Reiser 1905
21.	Zante		Aa	Reiser 1905
22.	Korfu		Aa	Reiser 1905
23.	Antivarı		Ac	Reiser u. v. Führer 1896
24.	Splıt (= Spalato)		As	Coll. Orn. Inst. Zagreb (Kroneisl brfl. 1957)
25.	Lussin		Ac	v. Washington 1890
26.	Poreč		As	Kroneisl brfl. 1957
—	Premantura		As	Kroneisl brfl. 1957
27.	Orahovo		As	v. Führer 1900
28.	Skoplje (= Üsküb)		Nc	Makatsch 1950
29.	Vojvodina	↓		
—	Palanka		B	Pelle 1954
—	Kopačevo		As	Kroneisl brfl. 1957
—	Szabadka (= Subotica)		B	Keve 1948
—	Zrenjanin (= Nagy-Becs-kerek)		A	Kroneisl brfl. 1957
30.	Belgrad		Na	Matvejev 1947, Pelle 1956
31.	Zlot		A	Matvejev 1950
32.	Sofia (1955)		A	Atanassov brfl. 1957
33.	Sliven		Ac	Pateff 1950
34.	Pisanec	↓	A	v. Jordans 1940
35.	Gjulowce		A	v. Jordans 1940
36.	Constantinople (= Istanbul)		A	Seebohm 1881
37.	Daday		A	Kummerlöwe u. Niethammer 1935
38.	Batumi (Tschoroch-Mündg.)		A	Nesterow 1911
39.	Adler		Js	Kudaschew 1917
40.	Mccheta		Ba	Banjkowskij 1913
41.	N. Tschardachlo b. Danatschi (Zakataly)		Ac	Serebrowskij 1925
42.	Nizowaja (E Kuba)		Ac	Satunin 1907
43.	Bucht von Krasnowodsk		A	Sewercow 1873
44.	Bami		Aa	Zarudnyj 1896
45.	Tedshen-(= Heri-rud-) Becken		As	Zarudnyj 1896
46.	Kuschka-Fluß (Murgab-Becken)		Nc	Heptner 1956
—	zw. Murgab u. Amu-darja		As	Zarudnyj 1896
47.	Mittellauf des Amu-darja		B	Zarudnyj 1918
48.	Delta des Amu-darja		A	Bogdanow 1882
49.	Usyn-kair (u.a. Aral-Inseln)		AJa	Zarudnyj 1916
50.	Unterlauf des Syr-darja		B	Eversmann 1866
51.	Mittellauf des Syr-darja		B	Sewercow 1873, Spangenberg 1941
52.	Tschulak-Kurgan		As	Coll. Zool. Inst. Leningrad (Portenko brfl. 1957)
53.	westl. Vorberge des Tien-Schan		B	Sewercow 1873
54.	Tschinaz		Aa	Pleske 1888
55.	Nura-Tau		As	Meklenburcew 1937
56.	Baba-Tag		A	Bianchi 1886, Ivanov 1940
57.	Darwaz-Gebirge		J	Zarudnyj 1926
58.	Haıbak		Ba	Meinertzhagen 1938
59.	Maimana (= Meimene)		As	Whistler 1945
60.	„Parapamisisches Gebıet"		Bs	Sarudny (Zarudnyj) 1911
61.	„Seistanisches Gebiet"		Bs	Sarudny (Zarudnyj) 1911
63.	Gunitsch (= Ganetsch)		As	Coll. Amer. Mus. (Vaurie brfl. 1958)
63.	Bampur (7. IV., 9. VIII.)		As	Blanford 1876, Zarudnyj 1903
—	Basman (14. VII.)		As	Zarudnyj 1903
64.	Shiraz		Nc	Witherby 1903
65.	Fao		Nc	Ticehurst 1922
66.	Hindiyah		Aa	Moore u. Boswell 1956
67.	Tekrit		Ac	Ticehurst 1922
68.	Z akho (= Sacho)		Aa	Moore u. Boswell 1956
69.	Aleppo (= Haleb)		Nc	Clarke 1924
70.	Messaloun (Antilibanon)		Ac	Meinertzhagen 1935
71.	Asraq (= Kalaat Esrak)	↓	Nc	Meinertzhagen 1924
72.	Gaza	↓	B	Mendelssohn brfl. 1958
73.	Cypern		Nc	Bucknill 1909
74.	Solak		N	v. Jordans u. Steinbacher 1948
75.	Rhodos		Bc	v. Wettstein 1938
76.	Kreta		AJc	Niethammer 1943, Stresemann 1943
*77.	Hadda (9. IV., 18. VII.)	↓	As	Bates 1936
*78.	Najran (= Nedjran; Machlaf; 28. VII.)	↓	As	Bates 1937

H. p. pallıda (Hemprich u. Ehrenberg)

79.	Alexandria		Aa	Meinertzhagen 1930
80.	Port Said		Aa	Meinertzhagen 1930
81.	Moses-Quelle (= Ajun Musa)		As	Meinertzhagen 1930
82.	Beni Suef		Aa	Meinertzhagen 1930
83.	Wadi Natrun		Aa	Meinertzhagen 1930
84.	Siwa (27. III.)	↓	A	Moreau 1928
85.	Baharia (24. III.)	↓	A	Moreau 1927
86.	Dakhla (= Dachel; 13. IV.)	↓	Ac	Moreau 1927
87.	Kharga (= Charge; 15. IV.)	↓	Ac	Moreau 1927
*88.	zw. Khartum u. Atbara		N	Hogg 1950

H. p. laeneni (Niethammer)

In dıese Gruppe sind auch die taxonomisch ungenügend bekannten saharischen Populationen aufgenommen, die von typischen *laeneni* aus nach NE zu *pallida*, nach NW zu *reiseri* zu tendieren scheinen.

*89.	Sebha (Fezzan)	↓	As	Guichard 1955
*90.	Bardaï (Tibesti)		Nc	Guichard 1955
*91.	Fada (Ennedi)		Bc	Niethammer 1955
*92.	Archei (Ennedı)		Nc	Niethammer 1955
*93.	Dj. Marra	↓	Aa	Lynes 1925
94.	Bol		N	Niethammer 1955
95.	Westufer des Tschad-Sees		AJ	Bates 1927
*96.	Zinder	↓	A	Hartert 1921, Paludan 1936

*97.	Agades	A	Hartert 1921
*98.	Aoudéras	J	Hartert 1921
*99.	Mt. Baguezane (= Baghsen; Air)	A	Hartert 1921
*100.	Tamanrasset	Nc	Laenen 1949
*101.	Djanet (30. III.)	Ac	Roche brfl. 1957
*102.	In Salah (23. IV.)	A	Hartert 1913

H. p. reiseri (Hilgert)

Die Populationen in Süd-Marokko, Rio de Oro und Mauretanien (P. 112 bis 120) sind taxonomisch noch nicht untersucht worden; es erscheint fraglich, ob sie zu *reiseri* gehören.

103.	El Golea	Ac	Hartert 1913
104.	Ouargla	A	Zedlitz 1913
105.	Touggourt	N	Hartert 1913
—	Bled el Ahmar (17. VII.)	A	Zedlitz 1913
106.	Mraïer	B	Hartert 1913
107.	Gafsa	N	Heim de Balzac 1924
—	Tozeur	A	Heim de Balzac 1924
108.	Biskra	N	Hartert 1913
109.	Messad	N	Heim de Balzac 1926
110.	Laghouat	Na	Heim de Balzac 1924
111.	Ghardaïa	A	Heim de Balzac 1924
*112.	Taghjicht	Aa	Heim de Balsac 1954
*113.	Assa	Aa	Heim de Balsac 1954
*114.	Tekna	Bc	Heim de Balsac 1954
*115.	Oued Dra	Nc	Heim de Balsac 1954
*116.	El Aïum de la Seguiat	Ns	Valverde 1957
*117.	Sbayera	J	Valverde 1957
*118.	Melhar Negyir (23. IV.)	As	Valverde 1957
*119.	Adrar	A	Heim de Balsac 1954
*120.	Atar	A	Heim de Balsac 1954
* —	Hamdoun	B	Heim de Balsac 1954

Anmerkungen

Zu P. 12:

Ob dieses Vorkommen einen Vorstoß, der nicht zur Ansiedlung führte, einen isolierten Brutplatz oder einen Grenzpunkt des zusammenhängenden Areals darstellt, bleibt nachzuprüfen.

Zu P. 17—19:

Offenbar rezente Ausbreitung von Westen her; Hartert (1923a) nennt die Art für die Cyrenaica noch nicht.

Zu P. 29:

Die aufgeführten Orte deuten die Peripherie der Verbreitungsinsel in der Vojvodina an, deren anscheinend erst in neuerer Zeit (seit spätestens 1937) erfolgte Besiedlung seit 1943 (Trischler) bekannt wurde.

Zu P. 34:

Vielleicht ist die Nordgrenze überhaupt in der Donau-Ebene zu suchen; eine Ausbreitung bis in die Walachei und die Dobrudsha würde keine Überraschung bedeuten.

Zu P. 71:

Die Oasen der faunistisch fast unerschlossenen Syrischen Wüste beherbergen wahrscheinlich noch unbekannte Brutplätze.

Zu P. 72:

Im unteren Jordan-Tal ist der Blaßspötter ungeheuer häufig; in der Küstenebene breitet er sich mit der Besiedlung durch den Menschen weiter nach Süden aus. Von der Nominatform ist er durch ein arides Gebiet geschieden (Mendelssohn brfl. 1958).

Zu P. 77 u. 78:

Da es nicht gewiß ist, ob die Julidaten (sehr frühe!) Durchzügler, Übersommerer oder Brutvögel betreffen, wurden diese Vorkommen aufgenommen, um künftige Beobachter auf diese Frage zu lenken. Vgl. hierzu aber Butler 1909, der bei Port Sudan und im Khor Arbat Blaßspötter noch bis gegen Ende Mai beobachten konnte, und Smith 1957, der „*elaeica*" in Eritrea nur zwischen dem 18. V. und 20. VII. vermißte und für „possibly resident" hält. Vgl. ferner Anm. zu P. 93.

Zu P. 84—87:

Brüten sehr wahrscheinlich, doch nicht nachgewiesen (s. die Daten).

Zu . 89:

Im Tibesti (P. 90) sollen die Blaßspötter bereits im März brüten; danach wäre es möglich, daß Ende Februar in Sebha singende dort zum Brüten verblieben.

Zu P. 93:

Bis Anfang Juni singend angetroffen; Hoden im Mai in „considerable sexual activity". Möglicherweise war die Brut schon beendet: Hogg (1950) fand bei Atbara (P. 88) am 11. V. bereits „well-grown young" im Nest, im April im Ennedi (P. 91 u. 92) Erlegte hatten maximal entwickelte Gonaden (Niethammer 1955).

Zu P. 96:

Hartert (1921) hält die im Januar und Februar in Zinder gesammelten Stücke für überwinternde *reiseri*; die Kurzflügligkeit (60—62 mm; Hartert, Paludan) weist aber eher auf *laeneni*, also Brutvögel dieser Gegend, hin.

Die Brutzeit der süd-saharischen Populationen (P. 90—100) scheint stets in die Monate März bis Juni zu fallen; Hoggs Beobachtungen (1950) deuten auf zwei Jahresbruten hin. Die „enlarged testicles" des ♂ vom 9. XI. aus Zinder fügen sich diesem Bild nicht recht ein.

LITERATUR

Banjkowskij 1913 — Izw. Kawkaz. Muz. 7, 50.
Bannerman 1939 — Birds Trop. West Africa. London. 5, 37.
Bates 1927 — Ibis (12)3, 38.
Bates 1936 — Ibis (13)6, 690.
Bates 1937 — Ibis (14)1, 804.
Bianchi 1886 — Bull. Acad. Sci. S.-Pétersb. 12, 628.
Blanford 1876 — Eastern Persia. London. 2, 192.
Bogdanow 1882 — Otsch. prirody Chiw. oazisa. Taschkent. 84.
Bucknill 1909 — Ibis (9)3, 600.
Butler 1909 — Ibis (9)3, 395.
Chapin 1953 — Birds Belg. Congo. New York. 3, 463.
Clarke 1924 — Ibis (11)6, 106.
Deetjen 1955 — Ardeola 2, 18.
v. Erlanger 1899 — J. Orn. 47, 251.
Eversmann 1866 — Jest. istor. Orenburg. kraja. Kazanj. 201.
v. Führer 1901 — Orn. Jb. 12, 15.
Guichard 1955 — Ibis 97, 418.
Guichard 1957 — Ibis 99, 113.
Hartert 1913 — Novit. Zool. 20, 50.
Hartert 1921 — Novit. Zool. 28, 117.
Hartert 1923a — Novit. Zool. 30, 18.
Hartert 1923b — Novit. Zool. 30, 106.
Hartert u. Rothschild 1912 — Novit. Zool. 18, 505.
Hartert u. Rothschild 1914 — Novit. Zool. 21, 196.

HEIM DE BALZAC 1924 Rev. franç. Orn. 8, 379.
HEIM DE BALZAC 1926 Mém. Soc. Hist. Nat. Afr. Nord 1, 54.
HEIM DE BALSAC 1954 Alauda 22, 164.
HEPTNER 1956 Fauna Vertebr. Badghyz. Aschchabad. 83.
HOGG 1950 Ibis 92, 577.
IVANOV 1940 Oiseaux Tadjikistan. Moscou. 224.
v. JORDANS 1940 Mitt. Naturwiss. Inst. Sofia 13, 103.
v. JORDANS u. STEINBACHER 1948 Senckenbergiana 28, 174.
JOURDAIN 1937 Ibis (14)1, 131.
KEVE 1948 Ibis 90, 466.
KOENIG 1895 J. Orn. 43, 262.
KUDASCHEW 1917 Messag. orn. 8, 90.
KUMMERLÖWE u. NIETHAMMER 1935 J. Orn. 83, 30.
LAENEN 1949 Alauda 17—18, 102.
LYNES 1925a Ibis (12)1, 93.
LYNES 1925b Mém. Soc. Sci. Nat. Maroc 13/1, 48.
MAKATSCH 1950 Vogelwelt Mazed. Leipzig. 181.
MATVEJEV 1947 Larus 1, 74.
MATVEJEV 1950 Ornithogeogr. Serbica. Beograd. 198.
MEINERTZHAGEN 1924 Ibis (11)6, 89.
MEINERTZHAGEN 1930 Nicoll's Birds Egypt. London. 1, 212.
MEINERTZHAGEN 1935 Ibis (13)5, 132.
MEINERTZHAGEN 1938 Ibis (14)2, 679.
MEKLENBURCEW 1937 Acta Univ. Asiae Med. 8a, Zool. 26, 18; 24; 39.
MOORE u. BOSWELL 1956 Iraq Nat. Hist. Mus. Publ. 10, 199.
MOREAU 1927 Ibis (12)3, 219; 227; 237.
MOREAU 1928 Ibis (12)4, 457.
NESTEROW 1911 Ann. Mus. Zool. Pétrograd 16, 358.
NIETHAMMER 1943 Ann. Nat.-Hist. Mus. Wien 53/2, 30.
NIETHAMMER 1955 Bonn. Zool. Beitr. 6, 66.
PALUDAN 1936 Vidensk. Medd. Dansk nat. hist. Foren. 100, 314.
PATEFF 1950 Birds Bulgaria. Sofia. 107.
PAYN 1948 Ibis 90, 10.
PELLE 1954 Larus 7, 224—225.
PELLE 1956 Larus 8, 158.
PLESKE 1888 Mém. Acad. Sci. St.-Pétersb. 36/3, 29.
REISER 1905 Ornis Balcan. Wien. 3, 132.
REISER u. v. FÜHRER 1896 Ornis Balcan. Wien. 4, 56.
SATUNIN 1907 Mat. ptic Kawkaz. kraja. Tiflis. 50.
SEEBOHM 1881 Cat. Birds Brit. Mus. London. 5, 82.
SEREBROWSKIJ 1925 Nouv. Mém. Soc. Nat. Moscou 18/2, 21.
SEWERCOW 1873 Izw. Ob. Lub. Jest., Antr., Etn. 8/2, 60; 66; 129.
SMITH 1957 Ibis 99, 321.
VAN SOMEREN 1931 J. E. Afr. Uganda Nat. Hist. Soc. Suppl. 4, 18.
SPANGENBERG 1941 Arch. Mus. Zool. Univ. Moscou 6, 122.
STANFORD 1954 Ibis 96, 613.
STRESEMANN 1943 J. Orn. 91, 484.
TICEHURST 1922 J. Bombay Nat. Hist. Soc. 28, 277.
TICEHURST u. WHISTLER 1925 Ibis (12)1, 453.
TRISCHLER 1943 Aquila 50, 252—256.
VALVERDE 1957 Aves Sahara Español. Madrid. 273.
v. WASHINGTON 1890 Orn. Jb. 1, 3.
v. WETTSTEIN 1938 J. Orn. 86, 20.
WHITAKER 1905 Birds Tunisia. London. 1, 111.
WHISTLER 1945 J. Bombay Nat. Hist. Soc. 45, 108.
ZARUDNYJ 1896 Mat. Fauna Flora Ross. 2, 134.
ZARUDNYJ 1903 Oiseaux Perse orient. St.-Pétersb. 399.
ZARUDNYJ (SARUDNY) 1911 J. Orn. 59, 233.
ZARUDNYJ 1916 Izw. Turkest. Geogr. Ob. 12/1, 56.
ZARUDNYJ 1918 Bull. Mus. Transcasp. 1, 24.
ZARUDNYJ 1926 Bull. Soc. Nat. Moscou 25/3—4, 258.
ZEDLITZ 1913 Novit. Zool. 20, 177.

Briefliche Auskünfte erteilten ATANASSOV, HANZÁK (Bulgarien), KUMERLOEVE (Türkei), TRAYLOR, VAURIE (Persien), MENDELSSOHN (Israel), MOREAU (Ägypten), ROCHE, VALVERDE (Sahara) und SCHÜZ (Persien); Überprüfung der Karte durch KRONEISL (Jugoslawien) und PORTENKO (Sowjetunion).

Hippolais pallida (Hemprich u. Ehrenberg)

Blaßspötter

Verwandtschaft

Dieser Spezies nächst verwandt sind *H. caligata* und *H. rama.* Die Ähnlichkeit geht so weit, daß *H. pallida* und *H. rama,* deren Brutgebiete in Turkestan, Persien und Transkaspien übereinandergreifen, in den Museen nicht selten miteinander verwechselt worden sind. Die Aufspaltung der gemeinsamen Urform dürfte jedoch weit zurückliegen, denn alle Rassen von *H. pallida* überwintern in Afrika, *H. caligata* und *rama* dagegen in Asien.

Gliederung

Es werden fünf Rassen unterschieden, von denen die iberisch-nordwestafrikanische (*opaca* Cabanis) durch größeren und breiteren Schnabel deutlich gekennzeichnet ist, während sich die übrigen zu einer Cline anordnen lassen, mit *elaeica* (Lindermayer) (groß, dunkel, spitzflüglig) am einen Ende, *laeneni* Niethammer (klein, blaß, rundflüglig) am anderen Ende. Dazwischen stehen die Rassen *pallida* (Hemprich u. Ehrenberg) und *reiseri* Hilgert, deren Abgrenzung nach beiden Extremen hin schwierig oder unmöglich ist. Übergänge zwischen *opaca* und *reiseri* kennt man aus dem Grenzgebiet beider (südlich des Atlas) noch nicht. Daraus kann gefolgert werden, daß *opaca* als alter Sproß des *pallida*-Stammes schon lange in NW-Afrika und Spanien ansässig war, bevor eine neue *pallida*-Einwanderung von Osten oder Süden her in die Oasen der mittleren Sahara vordrang.

Zur Verbreitung

Von der Verbreitung in Afrika südlich des 30. Breitengrades konnte man bisher kein rechtes Bild gewinnen; die Karte versucht, die verstreuten, für das Brüten oft nicht einmal genügend beweiskräftigen Notizen zusammenzufassen, um die wahrscheinliche Ausdehnung des besiedelten Raumes zu zeigen. In den Oasen, namentlich der mittleren und westlichen Sahara, harren gewiß noch viele Brutvorkommen der Entdeckung. Vgl. ferner die Anmerkungen. Spezialkarte der Verbreitung in Serbien: MATVEJEV 1947.

Oekologie

H. pallida ist an trocken-heiße, regenarme Gebiete gebunden, verlangt aber als Bestandteil ihres Brutbiotops Bäume oder dichtes Buschwerk. Der oekologische Freiheitsgrad scheint bei allen Rassen gleich groß zu sein. Wo Bäume vorhanden sind, gibt *H. pallida* offenbar diesen den Vorzug vor dem Gebüsch und flicht ihr Nest lieber dort (in die Gabelung dünner Äste) ein. In Griechenland (*elaeica*) nistet sie stellenweise sehr häufig in Hainen der Aleppo-Kiefer (*Pinus halipensis*) und in Olivenhainen. In der Oase Gafsa (*opaca*) fand Erlanger (1899) Nester in Granat-, Citronen- und vor allem Olivenhainen, selten auf Palmen. Aber in diesen Gegenden und überhaupt im ganzen Artgebiet nimmt der Vogel auch mit dichtem Gebüsch vorlieb, vor allem, wenn Wasser in der Nähe ist, und baut sein Nest hinein, manchmal nur 50 cm über dem Boden. In Turkmenien nistet er (*elaeica*) besonders häufig in Saxaul-Büschen, in den Oasen der West-Sahara (*reiseri*) vielfach in Tamarisken.

In Transkaukasien geht der Blaßspötter als Brutvogel bis 1250 m, in Tadshikistan spärlich bis 1300 m aufwärts. In der südlichen Sahara beginnt die Eiablage im April (vgl. Anm. zu P. 89 u. 96), in Oberaegypten Anfang Mai, weiter nördlich mindestens 3 Wochen später.

Wanderungen

Es wandern periodisch alle Populationen von *H. pallida*, mit Ausnahme derjenigen der zentralen und südlichen Sahara (*laeneni*).

H. p. opaca: Wandert durch die westliche Sahara und überwintert in den Savannen von Oberguinea, vom Gambia-Fluß bis Nigeria (Bannerman 1939).

H. p. pallida: Verläßt im September Aegypten und kehrt Ende März/Anfang April zurück. Ihr Wintergebiet liegt wahrscheinlich im Sudan, südlich bis Gondokorro (Meinertzhagen 1930).

H. p. reiseri: Winterquartier unbekannt; wandert vielleicht ins Brutgebiet von *H. p. laeneni*.

H. p. elaeica: Alle europäischen und asiatischen Populationen begeben sich in die mit Dornbusch und eingestreuten Akazien bestandenen Trockengebiete von Nordost-Afrika. Westliche und südliche Grenzen des Wintergebiets: Darfur, Uelle-Distrikt, Edward-See, Uganda, Kenya-Colony und Küstenland bei Tanga (Chapin 1953). Dort stellenweise ziemlich häufig von Oktober bis März (van Someren 1931).

Die europäischen Populationen scheinen im Herbst über Kleinasien—Syrien—Sinai, nicht aber direkt südwärts, nach Afrika, zu ziehen (Stresemann 1943). Ankunft an den europäischen und turkmenischen Brutplätzen Ende April oder Anfang Mai; Abzug dort spätestens Mitte August.

FSC
www.fsc.org
MIX
Papier | Fördert gute Waldnutzung
FSC® C083411

Kolibri 360 GmbH
Ferdinand-Jühlke-Straße 7
99095 Erfurt, Deutschland
produktsicherheit@kolibri360.de